Paul Marchesi, Claude Mermod, Hans C. Salzmann

Marder, Iltis, Nerz und Wiesel

Haupt

Paul Marchesi, Claude Mermod, Hans C. Salzmann

Marder, Iltis, Nerz und Wiesel

Kleine Tiere, große Jäger

Haupt Verlag
Bern • Stuttgart • Wien

Das Buch wurde im Rahmen des Programms *WIN Wieselnetz – ein Programm zur Förderung von Kleinkarnivoren* (www.wieselnetz.ch) übersetzt und herausgegeben.

WIESELNETZ

Die Bearbeitung erfolgte in Zusammenarbeit mit *faune concept,* Wildtierbiologische Arbeitsgemeinschaft.

Faune concept
Communauté d'étude de la faune sauvage

Die Herausgabe dieses Buches wurde durch Beiträge folgender Institutionen unterstützt:

- Zürcher Tierschutz. Autoren und Verlag danken dem Zürcher Tierschutz für die großzügige Unterstützung, durch welche die Publikation ermöglicht wurde.
- Migros-Genossenschafts-Bund
- Schweizerische Gesellschaft für Wildtierbiologie

zürcher tierschutz

MIGROS

Schweizerische Gesellschaft für Wildtierbiologie
Société Suisse de Biologie de la Faune
Società Svizzera di Biologia della Fauna

Gestaltung und Satz: pooldesign.ch
1. Auflage: 2010

Bibliografische Information der *Deutschen Nationalbibliothek:*
Die Deutsche Nationalbibliothek verzeichnet diese Publikation in der Deutschen Nationalbibliografie; detaillierte bibliografische Daten sind im Internet über http://dnb.d-nb.de abrufbar.

ISBN 978-3-258-07465-8

Printed in Germany

FSC
Mix
Produktgruppe aus vorbildlich bewirtschafteten Wäldern, kontrollierten Herkünften und Recyclingholz oder -fasern
Product group from well-managed forests, controlled sources and recycled wood or fibre
www.fsc.org Zert.-Nr. SGS-COC-004238
© 1996 Forest Stewardship Council

www.haupt.ch

Inhalt

Vorwort

Während sich in der heutigen Gesellschaft die Aufmerksamkeit zunehmend auf uns Menschen selbst und die von uns geschaffene künstliche Welt beschränkt, leben um uns herum fast gänzlich unbemerkt auch immer noch Wesen, mit denen wir sozusagen unbewusst Landschaft und Siedlungsräume teilen. Tiere wie die Großkatzen, obwohl in fernen Tropen beheimatet, müssen das Schicksal solchen Schattendaseins nicht teilen – in unzähligen Filmen, Büchern und den Medien porträtiert, ziehen sie viel Faszination auf sich und schüren abenteuerliche Fantasien einer unverhofften Begegnung in freier Wildbahn. Weshalb nur widerfährt einer vielleicht ebenso faszinierenden Gruppe von einheimischen Raubtieren in unserer unmittelbaren Nähe kaum Beachtung, und weshalb sind sie weniger gegenwärtig in unserem Bewusstsein als die Koalas Australiens oder die Erdmännchen im südlichen Afrika?

Da macht einer dieser kaum bekannten Mitbewohner allerdings eine Ausnahme – der Steinmarder –, aber auch nur, weil er sich manchmal unliebsam in unseren Hausdächern zu schaffen macht und eine eigenartige Vorliebe für Gummischläuche unter Kühlerhauben entwickelt hat. Doch wer hat denn schon einem Dachs, einem Iltis oder einem Wiesel in Ruhe zuschauen können? Sie alle gehören einer ebenso interessanten wie vielfältigen zoologischen Familie von Raubtieren an, den Marderartigen *(Musteliden)*: Vom winzigen Mauswiesel bis zum Dachs, der die Größe eines mittelgroßen Hundes erreicht, bewohnen sie in Mitteleuropa fast jeden Lebensraum – Feld und Wald, Flüsse und Seen, selbst das Hochgebirge. Und eben auch den Siedlungsraum scheuen einige Vertreter nicht.

Mit dem zunehmenden Verlust natürlicher und naturnaher Lebensräume allerdings sind einige Mustelidenarten auf dem Rückzug, gar schon gänzlich verschwunden oder ausgerottet worden, wie etwa der Fischotter in der Schweiz, dessen Zugehörigkeit zur Marderfamilie vielleicht überraschen mag.

Wenn wir unsere heimlichen Mitbewohner kaum wahrnehmen, dann vielleicht deshalb, weil sie fast immer Nachttiere sind und sich auch die Wissenschaft ihrer kaum annimmt – wer sucht sich schon ein Studienobjekt aus, das nur sporadisch zu sehen ist und deshalb auch nur spärlich Daten liefert? So bleibt unser Wissen eine Funktion der Beobachtbarkeit – die Musteliden sind ein treffendes Beispiel dafür. Umso verdankungswürdiger ist es, dass die Autoren und der Verlag dieses Buches sich die Mühe genommen haben, den kleinen Vertretern dieser interessanten Tierfamilie die Reverenz zu erweisen, die vorhandenen Kenntnisse zusammenzutragen und hier zu präsentieren.

Dr. Claude Martin
Director General WWF International von 1993–2005

Einleitung

Wer von «Raubtieren» hört und nicht gerade Zoologin oder Biologe ist, sieht in seiner Vorstellung zuerst einmal Bären, Wölfe, Löwen, Tiger, vielleicht auch unsere vertrauten Hunde oder Katzen, oder doch wenigstens einen Fuchs. Das ergibt aber eine sehr unvollständige Liste. Denn die Ordnung «Karnivoren», zu der immerhin zehn Prozent aller Säugetierarten gehören, umfasst Tiere von so unterschiedlicher Größe wie das Mauswiesel, bei dem ein kleines Weibchen nur wenig über dreißig Gramm wiegt, und den riesigen Kodiakbären Alaskas, der in Einzelfällen fast 800 Kilogramm auf die Waage bringen kann. Zwei Drittel der Karnivoren sind kleine Tiere von unter fünf Kilogramm Gewicht. Auch wenn sie oft mitten unter uns leben und mindestens so passionierte Jäger wie ihre großen Vettern sind, tun sie es so diskret, so versteckt und heimlich, dass sogar Forscher einige Tricks anwenden müssen, um ihnen – im wahrsten Sinne des Wortes – auf die Spur zu kommen. Ist wohl das der Grund dafür, dass es so wenige allgemein verständliche Bücher über sie gibt und dass sie sogar im Naturschutz oft ein Schattendasein führen?

Sie verdienen aber unsere Aufmerksamkeit, Staunen, Respekt, Zuneigung, gelegentlich vielleicht auch Verständnis und Toleranz, und mit diesem Buch möchten wir einen Beitrag dazu leisten. Von den kleinen Jägern in unserer Landschaft – in der Fachsprache manchmal «Kleinkarnivoren» genannt – soll hier die Rede sein. Die Beschäftigung mit den Kleinsten unter den Raubtieren fördert Erstaunliches zutage, und ihr Nutzen in der Kulturlandschaft kann beträchtlich sein. Ganz abgesehen davon, dass wir ihnen ihren Platz und ihre Funktion im Ökosystem aus grundsätzlichen Überlegungen und Erkenntnissen zubilligen. Der Schwerpunkt wird im Folgenden auf die fünf häufigsten kleineren Marderartigen *(Mustelidae)* aus der Unterfamilie *Mustelinae* in Mitteleuropa gelegt, die beiden Marder im engeren Sinn (Stein- und Baummarder), den Iltis (Waldiltis) und die zwei Wieselarten (Hermelin und Mauswiesel), es wird aber auch auf die in diesem Raum weniger verbreiteten Nerze eingegangen.

Das vorliegende Buch beruht auf der französischsprachigen Ausgabe, die seit einiger Zeit vergriffen ist («Les petits carnivores» von Claude-Ph. Mermod und Paul Marchesi) und die wir für die Wildtier-Reihe des Haupt Verlags übersetzt, aktualisiert und ergänzt haben.

1

Fleischkost bestimmt das Leben

1

Ursprünge und Systematik

Merkmale der Karnivoren

Zahlreiche Tiere, weniger hoch und höher entwickelte, ernähren sich von anderen Tieren. Die Bezeichnung Karnivoren (lat. Carnivora), die nichts anderes als «Fleischverzehrer» bedeutet, ist aber für die Ordnung der Raubsäugetiere reserviert, für Bären, Katzen, Hunde- und Marderartige und einige andere mehr.

1 Alles am Hermelin ist gespannte Aufmerksamkeit – als Teil der Lebensstrategie.

Was macht nun aber einen Karnivoren aus oder, anders ausgedrückt, was braucht es zu einem «echten» Karnivoren? Er muss zum einen fähig sein, seine Opfer wahrzunehmen, und das möglichst, bevor diese ihn entdecken. Dazu benötigt ein Karnivore gute Sinnesorgane, zusammen mit einem Gehirn, das zu einer schnellen Analyse der Situation fähig ist (Abb. 1). Zudem braucht er leistungsfähige, schnell arbeitende Muskeln, um die Beute zu verfolgen und zu fangen. Aber auch ein angepasstes Gebiss ist

2 *Miacis* gehört zu einer frühen, Bäume bewohnenden Familie von marderähnlichen Raubtieren. Sie lebten vor 40 Millionen Jahren in den tropischen Wäldern des heutigen Deutschland.

nötig: Lange, spitze Fang- oder Eckzähne können die Haut der Beute durchstechen und tief eindringen. Der dritte Vorbackenzahn (Prämolar) im Oberkiefer und der erste Backenzahn (Molar) im Unterkiefer, die Reißzähne, funktionieren wie eine Brechschere und ermöglichen das Abtrennen und Zerkleinern von Fleisch.

Zwar fressen nicht alle Karnivoren ausschließlich tierische Beute. Aber es sind doch die beschriebenen Eigenarten der Raubsäuger, welche von jeher die menschliche Fantasie angeregt haben. Darauf wird in Kapitel 10 eingegangen.

Evolutionsgeschichte

Vor über 200 Millionen Jahren, als noch die Reptilien dominierten (Jura-Periode), traten die ersten Säugetiere auf. Es waren kleine Vierfüßer, die sich vor allem von Insekten ernährten. Gegen Ende des Erdmittelalters, in der Kreidezeit (vor etwa 66 Millionen Jahren), begannen sich die bedecktsamigen Blütenpflanzen stark zu entwickeln. Sie stützten sich für ihre Fortpflanzung zunehmend auf Insektenbestäubung. Das wiederum förderte die Diversität der Insektenwelt, und damit auch der Insekten fressenden Säugetiere. Diese dehnten ihr Nahrungsspektrum bald auch auf Früchte, Beeren oder andere Nahrung aus.

2

3

4

In der Folge setzte eine rasche Entwicklung des Säugetierstammes ein. Zahlreiche neue Formen erschienen, und sie profitierten auch vom Aussterben der Saurier, deren ökologische Nischen sie besetzen konnten. Ganz am Anfang der Erdneuzeit, im beginnenden Tertiär (vor 65 Millionen Jahren), sind schon Entwicklungslinien von Pflanzen fressenden und Fleisch fressenden Säugern unterscheidbar. Das ist an der Bezahnung der fossilen Formen abzulesen. Die ersten «wirklichen» Karnivoren entwickelten sich in der fossilen Familie der *Miacidae*. Sie entstanden im Paläozän, vor ungefähr sechzig bis siebzig Millionen Jahren: Säuger von mittlerer Größe, deren Aussehen an unsere Musteliden erinnert (Abb. 2). Aus diesen Urahnen haben sich schließlich die heutigen acht Landraubsäuger-Familien entwickelt (neben den sekundär wieder ans Wasserleben angepassten Robben und Walrossen). Sieben kommen in Europa vor, nämlich

- *Canidae (Hundeartige; Abb. 3),*
- *Ursidae (Bären; Abb. 4),*
- *Procyonidae (Kleinbären; Abb. 5),*
- *Mustelidae (Marderartige; Abb. 6),*
- *Viverridae (Schleichkatzen; Abb. 7),*
- *Herpestidae (Mungoartige; Abb. 8),*
- *Felidae (Katzenartige; Abb. 9).*

3 Zu den «Hundeartigen» gehört der Fuchs *(Vulpes vulpes)*, das in Europa häufigste und am weitesten verbreitete Raubtier. Er kommt in allen Lebensräumen vor und jagt bis auf über 3000 m ü. M. (Fotofallenbild)

4 Nach ungefähr hundertjähriger Abwesenheit in Mitteleuropa ist der Braunbär *(Ursus arctos)* wieder auf dem Vormarsch.

5 Der Waschbär *(Procyon lotor)* stammt ursprünglich aus Nordamerika und wurde wegen seines Fells nach Europa gebracht. Aus Gefangenschaft entwichen, ist er als invasive Art in Mitteleuropa heute stellenweise häufig.
6 Der größte Marderartige in Europa ist der Vielfraß *(Gulo gulo)* – er wird bis zu 45 Kilogramm schwer und ist ein Jäger der nordischen Taiga und Tundra.

Leider haben die Marderartigen, die uns hier interessieren, nur wenige Fossilien hinterlassen. Darum ist es recht schwierig, ihre Entwicklung durch das Tertiär hindurch (und in das Quartär hinein) zu verfolgen. Sie scheinen gegen Ende des Oligozäns aufgetaucht zu sein, also vor ungefähr dreißig Millionen Jahren.

In Europa haben sich in der letzten Jahrmillion mehrere dramatische Klimaänderungen abgespielt: die Eiszeiten mit den Zwischeneiszeiten. Die großen Temperaturunterschiede zwischen diesen Phasen haben jeweils in erdgeschichtlich kurzer Zeit die Zusammensetzung der Flora und Fauna gewaltig durcheinandergebracht. Die meisten heutigen Karnivoren sind aber fast sicher schon seit mehr als 200 000 Jahren in Mittel- und Westeuropa vorhanden.

5

6

7

8

9

7 Die Ginsterkatze *(Genetta genetta)* wurde vermutlich einst aus Nordafrika nach Europa eingeführt, lebt heute in Spanien und Südwestfrankreich und scheint sich zunehmend nach Norden auszubreiten.

8 Der Ichneumon *(Herpestes ichneumon)* ist ein ursprünglich nordafrikanisches, kleines Raubtier, das einst im Süden der Iberischen Halbinsel eingeführt wurde.

9 Trotz starken Rückgangs in Mitteleuropa kommt die Wildkatze *(Felis silvestris)* in einigen Regionen Deutschlands, Frankreichs, der Nordwestschweiz, in Italien, Spanien und in Osteuropa mit guten Beständen vor.

10

10 Baummarderschädel aus dem neolithischen Fundgut von Auvernier (Schweiz), 2500 v. Chr. (Sammlung des Musée d'archéologie, Neuchâtel.)

Erste menschliche Zeugnisse

Die auf der Titelseite dieses Kapitels abgebildete Höhlenzeichnung eines Musteliden in Niaux (Pyrenäen) zeigt, dass diese von den Menschen seit jeher auch wahrgenommen wurden. Die Zeichnung stammt aus dem Magdalénien, ist also sicherlich 12 000 Jahre alt. Es dürfte sich beim dargestellten Tier um ein Mauswiesel handeln. Für die Zuwanderung des letzten Vertreters der Musteliden – des aus dem Nahen Osten stammenden, kälteempfindlichen Steinmarders – bis ins westliche Europa mussten sich zuerst die Gletscher zurückziehen. Noch im Neolithikum (5000–2000 v. Chr.) sind Überreste des Baummarders, Schädel oder andere Knochen (Abb. 10), im prähistorischen Fundgut viel häufiger als die des Steinmarders.

Das Vorkommen von Marderartigen auf Sizilien, Korsika und Sardinien kann damit erklärt werden, dass diese Inseln während des ca. eine Millionen Jahre dauernden Eiszeitalters (Pleistozän) mit dem Kontinent verbunden waren. Auf den übrigen Mittelmeerinseln leben z.T. Baummarder, Steinmarder und Mauswiesel. Man nimmt an, dass sie hier durch den Menschen angesiedelt wurden. Das gilt übrigens auch für den Dachs und den Fuchs. Außer als Pelz- und vielleicht auch als Fleischlieferanten wurden die kleinen Raubtiere zur Eindämmung schädlicher Kleinnager in Haus und Feld eingesetzt, bevor dann gegen Ende der Römerzeit die domestizierte Form der nordafrikanischen Falbkatze diese Rolle übernahm.

11

11 Der Fischotter *(Lutra lutra)* ist der am stärksten ans Wasser gebundene Marderartige und besiedelt einen Großteil der europäischen See- und Flussufer. Sein Bestand geht aber in Mitteleuropa stark zurück.

Mustelidengattungen in Europa

Die Familie der Marderartigen *(Mustelidae)* mit ihren 67 Arten trifft man auf der ganzen Nordhemisphäre, aber auch in Südamerika und in Afrika bis hinunter zum Kap. Zu den Marderartigen gehören unter anderem die Stinktiere und die Honigdachse, die beide aber nicht in Europa vorkommen. In Europa vertreten sind die Gattungen *Lutra* (mit dem Fischotter; Abb. 11), *Meles* (mit dem Dachs; Abb. 12), *Gulo* (mit dem in Europa auf Skandinavien inklusive Finnland beschränkten Vielfraß; Abb. 6) und *Vormela* (mit dem Tigeriltis, *Vormela peregusna,* im Südosten von Europa; Abb. 13).

Die im Folgenden besprochenen Gattungen *Martes* und *Mustela* umfassen die Marder, Iltisse und Wiesel. In Mitteleuropa sind Baummarder *(Martes martes)*, Steinmarder *(Martes foina)*, Waldiltis (oder Iltis; *Mustela putorius*), Hermelin *(Mustela erminea)* und Mauswiesel *(Mustela nivalis)* häufig und verbreitet. Randständiger kommen die zwei Nerze vor, der gefährdete Europäische Nerz *(Mustela lutreola)* und der eingeführte Mink (oder Amerikanischer Nerz, *Neovison (Mustela) vison)*. Bis ins 17. Jahrhundert kam in Nordeuropa auch noch der Zobel *(Martes zibellina)* vor,

12 Der etwas plump wirkende Dachs *(Meles meles)* wird bis zu 20 Kilogramm schwer. Er ist der in Europa am weitesten verbreitete Marderartige und ziemlich häufig.

13 Der Tigeriltis *(Vormela peregusna)* ist der einzige Marderartige in Europa, der ein geflecktes Fell hat. Er kommt nur noch in den Steppen und Trockengebieten des äußersten Südosteuropa (Balkan) vor.

12

13

heute findet man ihn nur noch jenseits des Urals. Das Hauptverbreitungsgebiet des Steppeniltisses *(Mustela eversmanni)* reicht vom Osten her bis nach Europa, mit einem isolierten Vorkommen ist er in Tschechien, der Slowakei, Ungarn, Ostösterreich, Serbien und wahrscheinlich Rumänien vorhanden.

Frettchen

«Und wohin gehört das Frettchen?» ist eine oft gestellte Frage. Mit dem Waldiltis morphologisch sehr nah verwandt, gilt es als dessen ursprünglich der jagdlichen Verwendung dienende Zuchtform *(Mustela putorius f. furo)*. Vielleicht stammt es aber auch vom Steppeniltis ab, denn die beiden Schädelformen ähneln sich stark.

Die Gefangenschaftshaltung (Abb. 15) muss sehr früh begonnen haben, sie wurde schon bei Strabo und bei Plinius dem Älteren erwähnt, also vor rund 2000 Jahren. Oft haben die Züchter die weiße Albinoform selektioniert, es gibt aber mittlerweile viele Farbvarianten (Abb. 14). Frettchen wurden – und werden bis heute – für die Kaninchenjagd verwendet: So ließ man sie in das Loch eines Kaninchenbaus schlüpfen, während vor den anderen Löchern weitmaschige Netze gespannt waren (Abb. 16). Das Kaninchen verfing sich auf der Flucht im Netz, das schlankere Frettchen schlüpfte durch die Maschen und wurde wieder eingefangen.

In Neuseeland wurde das Frettchen eingeführt, um die übermäßige Vermehrung der (ebenfalls ausgesetzten) Kaninchen in den Griff zu bekommen. Es ist dort mittlerweile weit verbreitet, aber, genauso wie das ebenfalls eingeführte Hermelin, zum Nachteil der einheimischen Vogelfauna, der es weit mehr schadet als den Kaninchen! Auch in Europa macht das Frettchen große Probleme: In England breitet es sich in freier Natur aus und

14

14 Frettchen der Farbvarianten «siam» und «iltis» im Spiel.

15

bastardiert sich mit dem Waldiltis, der dadurch vom Verschwinden bedroht ist. Frettchen sollten keinesfalls in freier Natur ausgesetzt werden. Die Tiere ertragen allerdings die Härten des Winters ohnehin schlecht.

Das Frettchen wird in letzter Zeit vermehrt als Heimtier gehalten und gezüchtet. Es gibt in vielen Ländern spezielle Vereinigungen und Gruppierungen, die sich damit befassen. Die Meinungen der Fachleute, ob es sich als Hausgenosse auch wirklich eignet, gehen auseinander. Die einen bejahen es aufgrund der schon über sehr viele Generationen dauernden Gefangenschaftshaltung und einem Verhalten, das von dem eines Wildtieres in vielem abweicht. Andere weisen auf Beobachtungen hin, wonach beim Frettchen Verhaltenskomponenten erhalten sind, welche eine Haltung in Gefangenschaft aus Tierschutzgründen nicht empfehlenswert machen. Kommt hinzu, dass die Haltungsbedingungen oft nicht tiergerecht sind, weil die nötigen Kenntnisse oder Möglichkeiten der Halter fehlen. In gewissen Ländern ist die Frettchenhaltung bewilligungspflichtig.

15 «Dame mit Hermelin» von Leonardo da Vinci, entstanden um 1482–1485. Der Körperform und Größe nach zu schließen, handelt es sich aber um ein Frettchen.

16 Mittelalterliche Darstellung des «Frettierens», der Jagd auf Wildkaninchen mit Frettchen (aus dem Queen Mary Psalter, um 1310–1320).

16

2

Klein, meist diskret – aber weit verbreitet

1

Aussehen und Vorkommen

1 Dieses Hermelin in vollem Lauf wird in einigen Sekunden aus dem Sichtfeld des Betrachters verschwunden sein.

Wenige Meter vor unserem Auto hat ein braunes, sehr schlankes Wesen wie ein Pfeil die Straße überquert. Es ist Sommer, auf einer Reise in England. Ein Hermelin, denn ein solches haben wir gesehen, holte sich seinen Anteil an «billiger Nahrung» bei einem überfahrenen Kaninchen. Wildkaninchen, die hier überall vorkommen, werden häufig Opfer des Verkehrs.

Fast immer sind Beobachtungen von Marderartigen ähnlich flüchtig, weil sich die Tiere schnell in einer Trockenmauer verstecken oder in hohes Gras zurückziehen (Abb. 1). Dann aber, wenn man das Glück hat, etwas länger und genauer hinschauen zu können, fallen ein paar gemeinsame Merkmale auf: Der Körper ist sehr schlank, fast zylindrisch; die Beine sind kurz, bei den Wieseln erreichen die Hinterbeine nicht einmal die Hälfte der Wirbelsäulenlänge; die Ohren ragen im Allgemeinen wenig aus dem Fell. Das Weibchen ist immer kleiner als das Männchen, der Gewichtsunterschied kann beim Hermelin fünfzig Prozent, beim Iltis zwanzig Prozent erreichen. Der Schädel der Marderartigen wirkt recht massiv, mit gut entwickelter Gehörkapsel. Baum- und Steinmarder haben 38 Zähne, die übrigen Marderartigen nur 34 (je ein Vorbackenzahn weniger in jedem Kieferteil).

2 3

2 Auf diesem Bild eines männlichen lauernden Steinmarders *(Martes foina)* sind die meisten wichtigen Steinmardermerkmale erkennbar (Fellfarbe, Kehlfleck, Ohren, Nasenspitze).

3 In freier Wildbahn begegnet man nur höchst selten Albinos von Steinmardern. Dieses Exemplar wurde in einem (leeren) Bassin entdeckt.

Steinmarder *(Martes foina)* (Abb. 2)

Der Steinmarder wird manchmal auch Hausmarder genannt, er ist mit dem Baummarder nah verwandt, wirkt jedoch etwas stämmiger. Das Fell ist braun, weist aber eine graue Beimischung auf, weil die weiße Unterwolle (Unterhaare) durchschimmert. Die Kehle ist meist weiß, der Fleck gabelt sich gegen unten und zieht sich bis auf die Vorderbeine. Der Nasenspiegel ist rosa oder hellbraun. Die Sohlenballen sind fast kahl, darum haben die Spuren im Schnee im Allgemeinen auch klare Konturen. Die Ohren sind weiß gerandet. Der Schwanz ist oft etwas weniger dicht behaart als derjenige des Baummarders. Auch in der Natur kommen von Zeit zu Zeit Farbabnormitäten vor (Abb. 3).

Der Steinmarder stammt ursprünglich aus dem Osten, bewohnt aber heute ganz Kontinentaleuropa. Er fehlt in Skandinavien (außer in Dänemark) und in Großbritannien. Auch auf den Mittelmeerinseln kommt er nicht vor, außer auf Kreta und den meisten Ägäischen Inseln, wo eine Form mit fast völlig fehlendem Kehlfleck lebt (Abb. 13).

Baummarder *(Martes martes)* (Abb. 4)

Bei überraschenden, kurzen Begegnungen in freier Natur ist es nicht einfach, den Baummarder vom Steinmarder zu unterscheiden: Die beiden haben eine vergleichbare Größe, und vor allem nachts ist es ausgesprochen schwierig, die feinen Nuancen in der Färbung zu erkennen. Die Fellfarbe des Baummarders ist aber von einem wärmeren Braun, sowohl Deckhaare wie auch Unterhaare sind braun. Die Kehle ist gelb oder manchmal etwas

4 5

orange gefärbt, der Kehlfleck praktisch nie gegabelt. Der Nasenspiegel ist mehr oder weniger schwarz. Die Sohlen sind mit Haaren bedeckt, vor allem während des Winters. Verglichen mit anderen Musteliden sind die Ohren verhältnismäßig lang, gelb gerandet und ragen deutlich aus dem Fell heraus.

In Großbritannien ist die Population auf einige Gegenden in Irland, Nordschottland und Wales beschränkt. Auf dem Kontinent erstreckt sich das Verbreitungsgebiet des Baummarders weiter in den Norden als das des Steinmarders: Außer in der Tundra und in Südfinnland kommt der Baummarder in ganz Skandinavien vor. Im Südwesten scheint er nur wenig über die Pyrenäen hinaus verbreitet zu sein: Vorkommen sind nur aus Nordportugal, Nordspanien und von den Balearen bekannt. In Griechenland fehlt er, kommt aber in ganz Italien inklusive Sardinien und Sizilien vor. Aus Korsika gibt es hingegen aktuell keine sicheren Nachweise mehr (Abb. 13).

4 Der gelbe Brustfleck des Baummarders ist häufig leicht orange gefärbt. So weit auf die Vorderbeine wie bei diesem Tier reicht er eher selten.

5 Dieser Waldiltis *(Mustela putorius)* präsentiert seine Haupterkennungsmerkmale sehr schön: die Gesichtsmaske und das oft gelb durchschimmernde Unterfell.

Waldiltis *(Mustela putorius)* (Abb. 5)

Der Iltis (oder genauer «Waldiltis») liegt in der Größe zwischen Hermelin und Steinmarder. Sein Fell unterscheidet sich aber und ist mindestens für Mitteleuropa unverwechselbar gefärbt, man kann ihn hier mit keinem anderen Säugetier verwechseln: Eine dunkle Binde quer über die Augen, eine schwarze Nasenspitze, der ganze übrige Kopf sehr hell und kontrastreich vom restlichen Körper abgegrenzt; die Flanken und der Rücken sind braun mit gelblicher Beimischung, die Bauchseite und der Schwanz sind fast schwarz. (Eine dunklere Unter- als Oberseite ist übrigens bei Säugetieren

6 7

6 Der Steppeniltis *(Mustela eversmanni)* kommt in Europa innerhalb des Verbreitungsgebietes des Waldiltisses vor, dem er recht ähnlich sieht. Er wirkt aber heller.

7 Der Europäische Nerz *(Mustela lutreola)* ist am weißen Fleck auf Kinn und Oberlippe erkennbar, der nicht über die Nase reicht wie beim Iltis. Die Ohren verschwinden fast ganz im dunkelbraunen Fell. Der Frosch im Vordergrund ist wohl ein Beutestück.

die große Ausnahme.) Wo Iltis und Nerz gemeinsam vorkommen (zum Beispiel in Südwestfrankreich), ist eine Verwechslung noch am ehesten möglich, vor allem bei dunklen Iltisformen.

Wie alle Marderartigen hat der Iltis Analdrüsen. Bei ihm sind sie aber speziell gut ausgebildet, und ihr Produkt stinkt besonders übel. Es hat dem Iltis seinen lateinischen Artnamen eingebracht (*putere* = stinken, *putidus* = widerlich). Das Drüsensekret dient wahrscheinlich der Markierung des Territoriums, vor allem aber zur reflexartigen Abwehr, wenn das Tier beunruhigt oder bedroht ist. Im Gegensatz zum amerikanischen Stinktier wird die Flüssigkeit aber nicht gezielt gegen Feinde gespritzt. Wir haben mehrere Iltisse vorübergehend in Gefangenschaft gehalten und der Geruch im Gehege war überhaupt nicht unangenehm, jedenfalls nicht unangenehmer als derjenige der Mäuse in einem benachbarten Raum.

In Europa ist der Waldiltis weit verbreitet. In Skandinavien bleibt er aber auf die südlichen Gebiete beschränkt. In Großbritannien, wo er schon fast ausgestorben war, nimmt seine Population wieder zu, seit das Fallenstellen eingestellt wurde, und der Iltis breitet sich vom Rückzugsgebiet Wales her wieder aus. In Griechenland und auf den Mittelmeerinseln fehlt er (Abb. 13).

8

Steppeniltis *(Mustela eversmanni)* (Abb. 6)

Der Steppeniltis ähnelt dem Waldiltis stark, ist aber insgesamt heller gefärbt, der Kopf wirkt blasser. Außerdem bevorzugt er, wie es sein Name andeutet, offenere Gebiete, wo er Ziesel, Hamster, Wühlmäuse und andere Nagetiere jagt.

Sein Verbreitungsgebiet reicht von Asien her bis ins östliche Europa, zum Teil mit einem isolierten Vorkommen in der Ukraine, Böhmen, Mähren, der Südslowakei, Ungarn und Niederösterreich, Nordserbien und Rumänien.

8 Der ursprünglich nordamerikanische Mink *(Neovison (Mustela) vison)* ist der größte in Europa lebende Nerz. Der weiße Kinnfleck zieht sich meist nicht auf die Oberlippe, die Nasenspitze ist oft rosa.

Europäischer Nerz *(Mustela lutreola)* (Abb. 7)

Der Europäische Nerz ist ein kleiner, recht stark an Wasser gebundener Marder mit iltisähnlicher Körperform und -größe. Das Fell ist rundum dunkel kastanienbraun mit einem rotbraunen Anflug. Die Unterwolle schimmert graubraun durch. Die Beine, die Schultern und der Schwanz sind fast schwarz. Die Schnauzenspitze und das Kinn dagegen sind weiß; die weiße Färbung zieht sich auf die Oberlippe und ist vollständig symmetrisch.

Der Europäische Nerz ist eines der wenigen Raubtiere, die in ihrer Verbreitung auf Europa begrenzt sind. Die Bestände haben in den letzten Jahrzehnten aber stark abgenommen. Die aktuelle Verbreitung beschränkt sich nur noch auf einige isolierte Vorkommen in Estland, Weißrussland,

9

9 Wenn das Hermelin *(Mustela erminea)* zu spät umfärbt (oder der Schnee zu früh kommt), ist es nicht weit her mit der Tarnfarbe.

das Donaudelta, Südwestfrankreich und Nordspanien (Abb. 13), dazu kommen einige Ansiedlungsversuche mit noch ungewissem Ausgang (vgl. auch Themenkasten «Europäischer und amerikanischer Nerz – ein Neozoenproblem», S. 178/179).

Mink oder Amerikanischer Nerz (*Neovison (= Mustela) vison*) (Abb. 8)

Der Mink trägt einen vollständig dunkelbraunen, fast schwarzen Pelz. Nur auf dem Kinn, der Kehle und ausnahmsweise der Oberlippe befinden sich meist einige weiße Flecke von unterschiedlicher Form und Ausdehnung. Es gibt auch Tiere, bei denen sie vollständig fehlen. Es kann vorkommen, dass man im Freiland auf silberne oder gescheckte Minke trifft, diese stammen von Zuchtformen ab.

Der Mink ist größer als sein europäischer Vetter. Daneben erlaubt eine ganze Serie von Feldmerkmalen die Unterscheidung der beiden Arten: Bei der amerikanischen Art wirkt der Körper stämmiger, der Schwanz buschiger, der Kopf breiter und die Stirn gewölbter. Die Nasenspitze ist größer und oft rosarot. Das Fell ist dunkler gefärbt, fast schwarz, es wirkt regelmäßiger, dichter und glänzender. Das sicherste Unterscheidungsmerkmal bleibt das Muster der weißen Flecke rund um die Schnauze, die sich bei der amerikanischen Art im Allgemeinen nicht bis auf die Oberlippe ausdehnen und die nie ganz symmetrisch angeordnet sind.

Der Mink ist ein Farmflüchtling (siehe Themenkasten «Europäischer und amerikanischer Nerz – ein Neozoenproblem», S. 178/179). Heute kommt er in verschiedenen europäischen Ländern vor. Die größten Bestände existieren vermutlich in Großbritannien (wo der Europäische Nerz nicht vorkommt), in Skandinavien und in Russland. In Frankreich bestehen Schwerpunkte in der Normandie, in der Bretagne und im Südwesten des Landes (Abb. 13).

Hermelin *(Mustela erminea)* (Abb. 9, 10)

Das Hermelin ist kleiner als die vorhergehend beschriebenen Arten, und seine Körpergröße variiert sehr stark, je nachdem, woher es stammt: In gewissen Alpentälern zum Beispiel kommt eine kleine Form vor, die manchmal als Unterart bezeichnet wird *(Mustela erminea minima)* und deren Gewicht kaum die Hälfte jenes der Normalform erreicht.

Das Fell auf Rücken, Flanken und Kopf ist hellbraun gefärbt. Die gesamte Unterseite ist weiß oder gelblich. Die Schwanzspitze trägt einen mehr oder weniger dichten schwarzen Haarpinsel. Diese Farben gelten für das Sommerkleid, im Westen und Süden auch für das Winterfell. In weiten Teilen des Verbreitungsgebietes wechseln aber die Tiere Ende Herbst die Farbe. Bei vollständiger Umfärbung werden sie reinweiß, mit einer Ausnahme: Die Schwanzspitze bleibt schwarz. Zudem kommen Teilumfärbungen vor.

10 Das Umgekehrte gilt natürlich genauso.

10

11

11 Das Mauswiesel *(Mustela nivalis)* ist sehr klein (in Mitteleuropa) und hat einen kurzen Schwanz ohne schwarze Endquaste. Gut sichtbar ist der braune Fleck unter den Mundwinkeln *(M. n. vulgaris)*

Die weißen Winterfelle fanden und finden zum Teil bis heute in der Pelzindustrie Verwendung. Aus ihnen wurden die «Hermeline» für Würdenträger hergestellt, die typischen weißen Pelze mit den schwarzen Tupfen, die von den Schwanzspitzen herrühren. So erzählt man vom französischen König Philipp V. dem Langen, er habe sich 1316 zu Weihnachten einen auch innen mit Pelz gefütterten Hermelinmantel gewünscht. Dazu wurden 1300 Häute benötigt!

Das Hermelin bewohnt fast ganz Europa, mit Ausnahme der Mittelmeerregion und des Balkans. In den Seealpen und in Nordkroatien berührt das Verbreitungsgebiet das Mittelmeer gerade noch (Abb. 13).

Mauswiesel *(Mustela nivalis)* (Abb. 11)

Die Größe von Mauswieseln aus verschiedenen Gegenden variiert noch mehr als bei den Hermelinen. Im Norden und in den Alpen ist das kleinste aller Raubtiere wirklich winzig: Von der Schnauze bis zur Schwanzspitze misst es kaum zwanzig Zentimeter. Griechische Exemplare dagegen sind größer als ein Durchschnittshermelin. In der Fellfärbung gleichen sie dem Hermelin stark: brauner Rücken, braune Flanken, weiße Bauchseite. Der Schwanz ist aber kurz und trägt vor allem keinen schwarzen Pinsel. In Mitteleuropa ist die Grenzlinie zwischen Flanken- und Bauchfärbung meist unregelmäßig und die Tiere haben einen braunen Fleck unter dem Mundwinkel. In anderen Gebieten fehlt dieser und die Grenzlinie ist gerade. Die große Vielfalt hat zur Beschreibung von Unterarten geführt (Abb. 12).

Im Norden und in bestimmten Regionen der Alpen wechselt das Mauswiesel im Herbst ebenfalls die Farbe und wird dann vollständig weiß, also auch die Schwanzspitze.

Nach dem Dachs ist das Mauswiesel die am weitesten verbreitete Mustelidenart in Europa: Außer in Irland und Island kommt es in ganz Europa vor, inklusive der mediterranen und atlantischen Inseln (Abb. 13).

12 In Europa werden meist drei Unterarten des Mauswiesels unterschieden (von links nach rechts): *M. n. vulgaris* aus Mitteleuropa; die große Form *M. n. boccamela* aus dem Mittelmeerraum; *M. n. nivalis* im Norden Europas und in hochalpinen Lagen, die als einzige im Winter die Fellfarbe wechselt (Präparate aus den Museen Lugano und Chur).

12a

12b

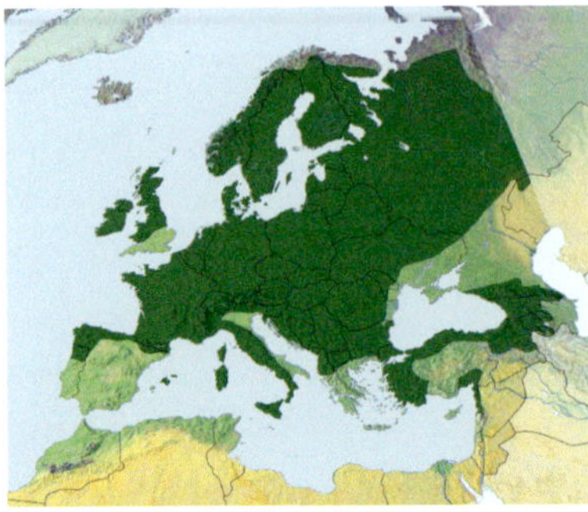

Baummarder

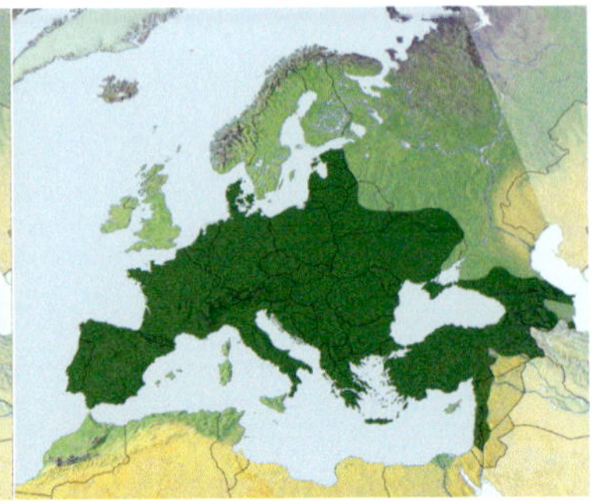

Steinmarder

		Baummarder	Steinmarder
Kopf-Rumpf-Länge cm	♂	37–56	40–54
	♀	36–47	
Schwanzlänge cm		17–28	20–30
Gewicht Gramm	♂	1000–2200	1000–2300
	♀	800–1200	

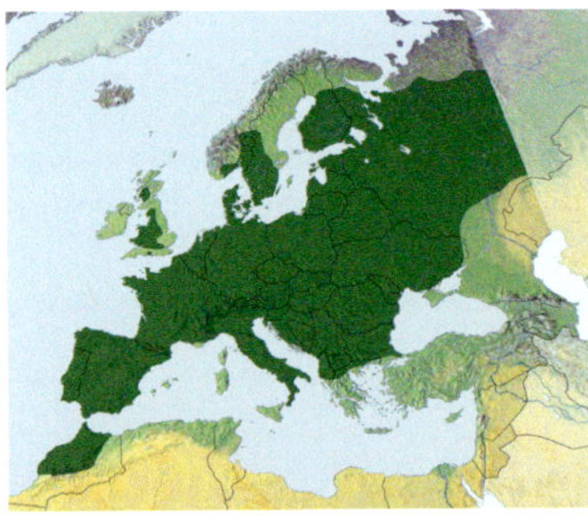

Waldiltis

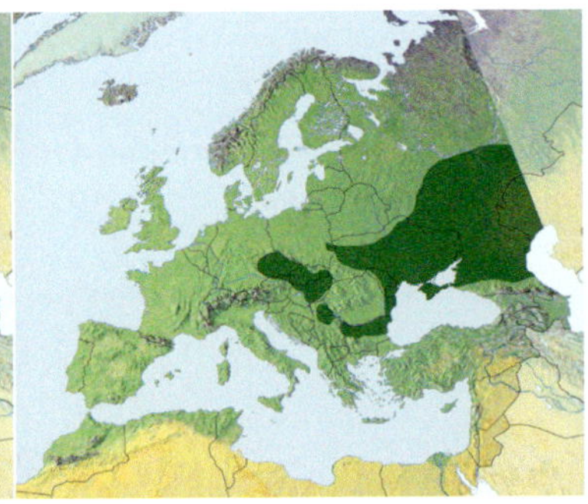

Steppeniltis

		Waldiltis	Steppeniltis
Kopf-Rumpf-Länge cm	♂	30–46	37–56
	♀	20–38	29–52
Schwanzlänge cm		7–17	10–18
Gewicht Gramm	♂	500–1900	bis 2050
	♀	400–800	bis 1350

13 Verbreitungskarten der Marderartigen in Europa (Verbreitungsgebiet dunkelgrün). Beim Europäischen Nerz ist auch das ehemalige Verbreitungsgebiet angegeben (orange). Körpermaße nach Aulagnier et al., 2009, und gestützt auf eigene Daten.

14 (Bild auf Seite 40) Wer aufrecht stehen kann, sieht mehr von der Umgebung. Hermelin im Winterpelz.

13

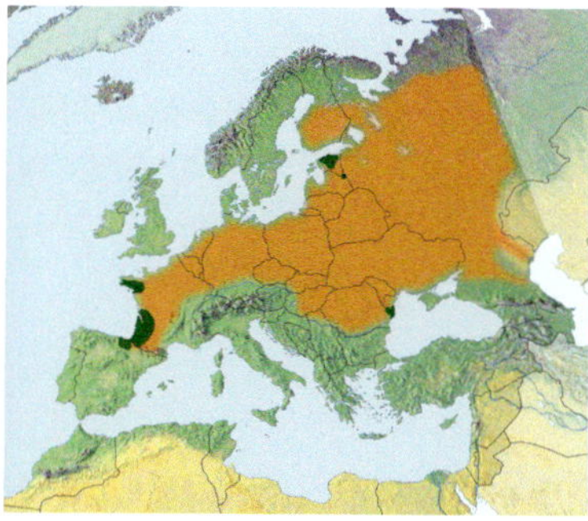

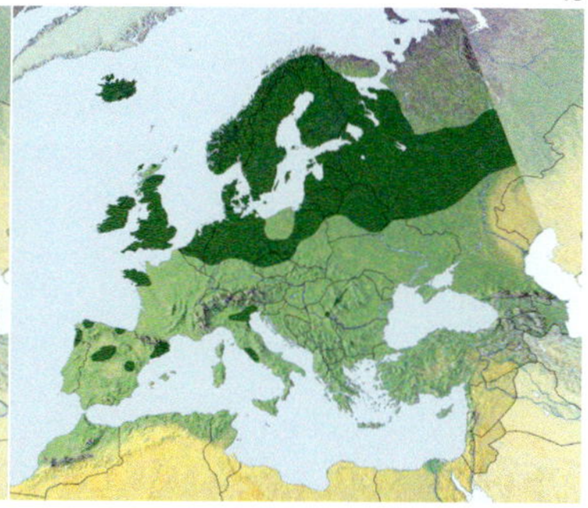

Europäischer Nerz	Mink
28–42	32–47
31–40	32–37
9–20	13–23
700–1250	800–1800
400–800	450–1000

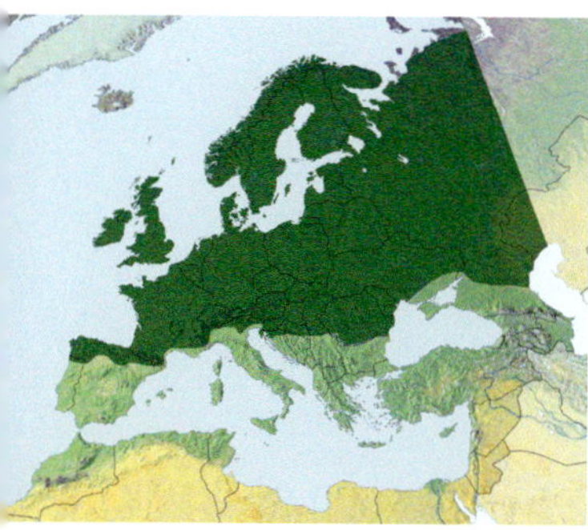

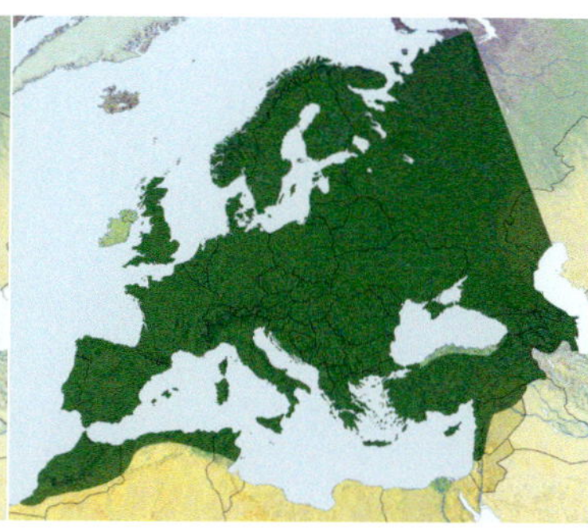

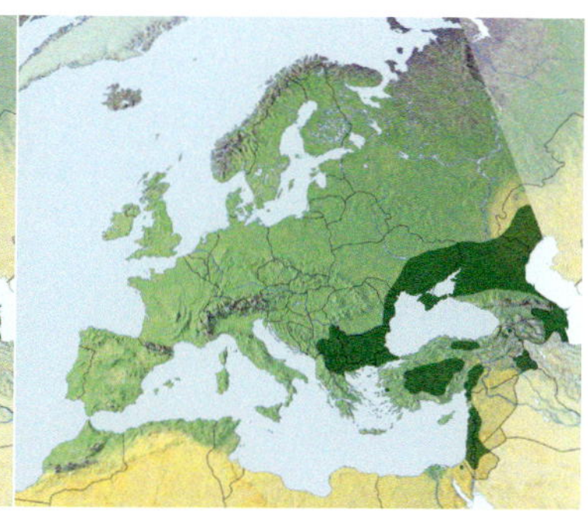

Hermelin	Mauswiesel	Tigeriltis
22–40	17–30	29–38
19–25	14–25	
17–20	3–13	15–22
100–450	54–200	400–700
60–280	35–130	

Bestimmung der kleinen Musteliden anhand des Schädels

(Zusammengestellt von P. Marchesi, M.-N. de Bellefroid, R. Rosoux, nach Stubbe und Krapp, 1993, Marchesi et al., 2008)

Zeichnungen von Jérôme Fournier; außer Schädel Nerze von François Chevrier.

Steinmarder: CBL: > 7,5 cm, 38 Zähne.
Schädel verkürzt, mit einer rundlichen Nasenöffnung, oberer Backenzahn M^1 mit Rille an der Außenseite *(a)*, P^3 außen konvex *(b)*. Unterkieferlöcher enger beieinanderliegend *(c)*.

Baummarder: CBL: > 7,5 cm, 38 Zähne.
Schädel länglich, mit einer ovalen Nasenöffnung, oberer Backenzahn M^1 ohne Rille an der Außenseite *(a)*, P^3 außen konkav *(b)*. Unterkieferlöcher weiter auseinanderliegend *(c)*, (Distanz größer als der Durchmesser des Eckzahns).

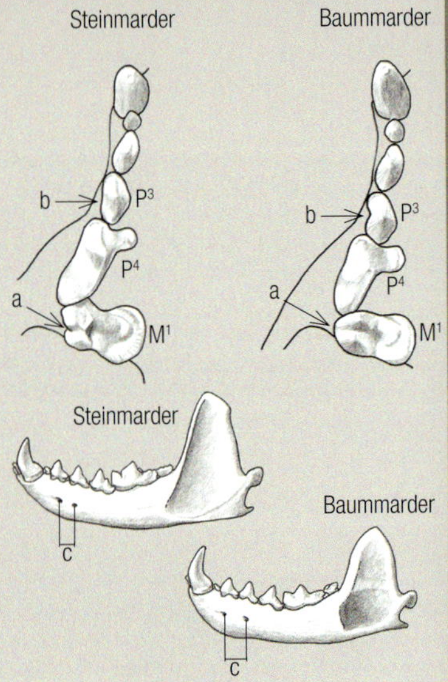

Waldiltis: CBL: 5,5–7,5 cm, 34 Zähne.
Gehörkapsel dreieckig (breiter als lang). Schädel von oben gesehen ohne winklige Einbuchtung auf Höhe der Augenhöhle *(d)*. Nasenöffnung oval. Choanenöffnung (Gaumendach) *(e)* kurz und breit, Flügelbein *(f)* läuft hinten in einer hakenförmigen Krümmung aus.

Frettchen:
Von oben gesehen mit mehr oder weniger ausgeprägter, winkliger Einbuchtung hinter der Augenhöhle *(d)*.

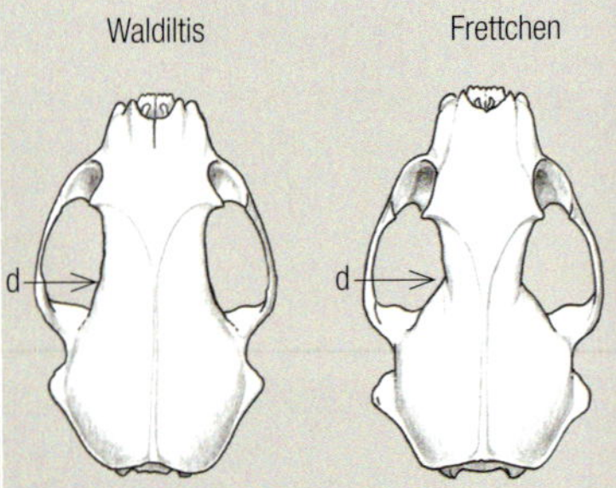

Steppeniltis: CBL: 5,5–7,5 cm, 28–38 Zähne.
Gleicht dem Waldiltis, aber winklige Einbuchtung auf Höhe der Augenhöhle *(d)* meist sichtbar. Nasenöffnung mehr oder weniger rund. Choanenöffnung (Gaumendach) *(e)* länger und schmaler als beim Waldiltis, Flügelbein *(f)* hinten kaum gebogen.

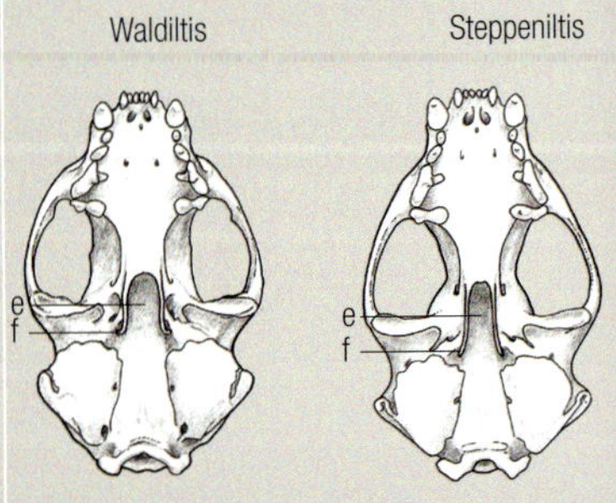

CBL = Condylobasallänge des Schädels. Gemessen vom vorderen Rand der Zahnhöhlen der ersten (mittleren) Schneidezähne im Oberkiefer bis zum Hinterrand der Hinterhaupthöcker.

P^2, P^3, P^4 = 2., 3. und 4. Vorbackenzahn im Oberkiefer; an die Vorbackenzähne schließt der quergestellte Backenzahn an.

M^1 = 1. Backenzahn im Oberkiefer. (Es ist nur ein Backenzahn vorhanden, er schließt die Zahnreihe ab und ist als einziger quergestellt.)

Europäischer Nerz: CBL: 5,5–6,5 cm, 34 Zähne.
Schädelbreite < 58 % der Länge (> 58 % beim Walditis). Der Schädel des Nerzes wirkt schmaler und weniger massiv als derjenige des Iltisses. Einbuchtung auf Höhe der Augenhöhle wenig deutlich (vgl. *d* beim Iltis). Gehörkapsel (siehe *h* beim Hermelin) mandelförmig. Höcker am Vorderrand der Augenhöhle *(g)* zugespitzt.
M^1 kleiner als beim Mink, mit zwei gleich großen Lappen. P^2 mit nur einer Wurzel.

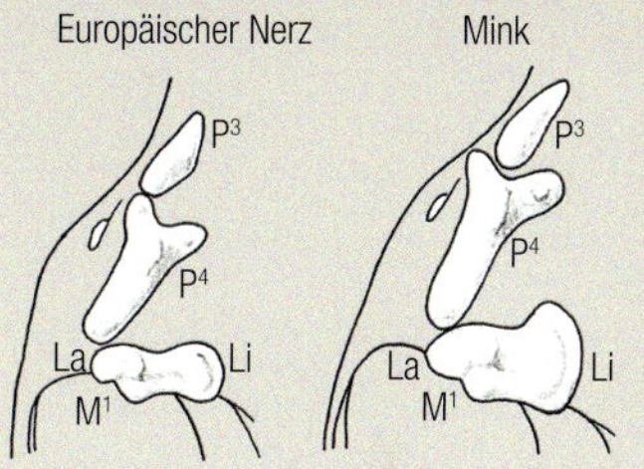

Mink: CBL: 5,5–7,5 cm
Wie Europäischer Nerz, aber winklige Einbuchtung auf Höhe der Augenhöhle deutlich (vgl. *d* beim Frettchen). Distanz dazwischen, über den Schädel gemessen, < 15 mm (weniger als beim sonst eher kleineren Europäischen Nerz). Gehörkapsel (siehe *h* beim Hermelin) dreieckig. Höcker am Vorderrand der Augenhöhle *(g)* wenig ausgeprägt und stumpf.
M^1 größer als beim Europäischen Nerz, der nach innen gerichtete Lappen *(Li)* größer als der nach außen gerichtete *(La)*. P^3 setzt im gegabelten Vorderlappen von P^4 an. P^2 meist mit zwei Wurzeln.

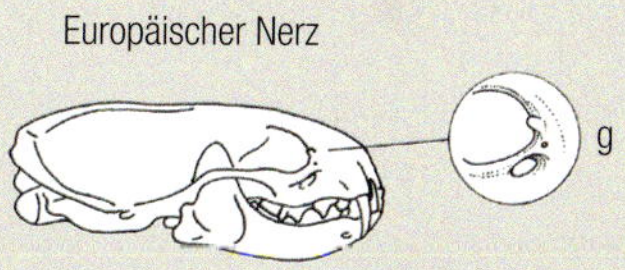

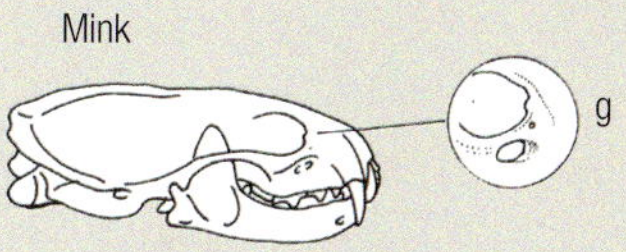

Hermelin: CBL: ≤ 5,5 cm, 34 Zähne.
CBL meist > 4,2 cm (max. 5,5 cm). Gehörkapsel *(h)* mehr oder weniger oval (länger als breit). Einschnitt am hinteren Gaumenrand gerade bis flachbogig *(i)*.

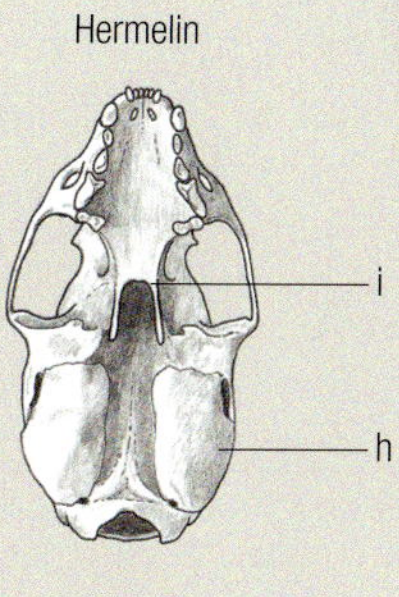

Mauswiesel: CBL: ≤ 5,5 cm, 34 Zähne.
CBL meist < 4,2 cm (im Unterschied zum Hermelin). Gehörkapsel *(h)* wie beim Hermelin. Einschnitt am hinteren Gaumenrand spitzbogig *(i)*.

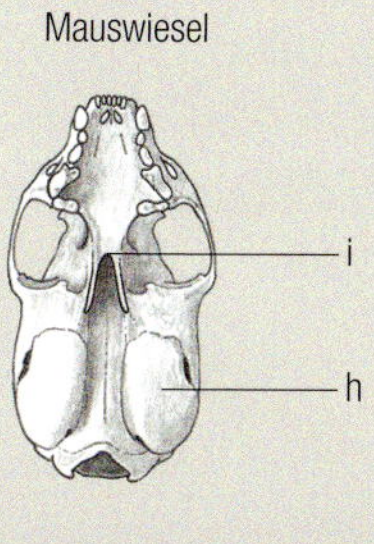

14

3

Am Wasser, im Wald, am Feldrand, in der Scheune

Lebens- und Wohnräume

Das Foto auf der Titelseite dieses Kapitels zeigt eine Gegend im untersten Teil des schweizerischen Rhonetals. In ihr leben die fünf Arten, auf die dieses Buch den Fokus legt: Im Wald auf dem Hügel im Hintergrund haust der Baummarder, im versteckten Dorf in der Bildmitte findet der Steinmarder Unterschlupf, Iltis und Mauswiesel bewohnen den Sumpf und den Wald in der rechten unteren Bildecke, dem Hermelin schließlich behagen die Hecken und Wiesen des Landwirtschaftsgebietes.

Alle Arten wurden hier tatsächlich auch nachgewiesen. Das ist aber nicht immer ganz einfach. Die diskreten und weitgehend nächtlichen Lebensgewohnheiten der Raubtiere haben die Biologen bei ihren Forschungen lange Zeit behindert. Neben dem «Schneetracking» – dem Verfolgen von Spuren in relativ frischem Schnee – war der Lebendfang (Abb. 1) mit anschließender Kennzeichnung und Wiederfang die einzige gangbare Methode, um etwas mehr über das Leben dieser Säugetiere in

1 Dieser Steinmarder wurde in einem Elektrizitätswerk gefangen, wo er Schäden verursacht hatte. Das Tier machte übrigens in der Falle keinen verängstigten Eindruck.

1

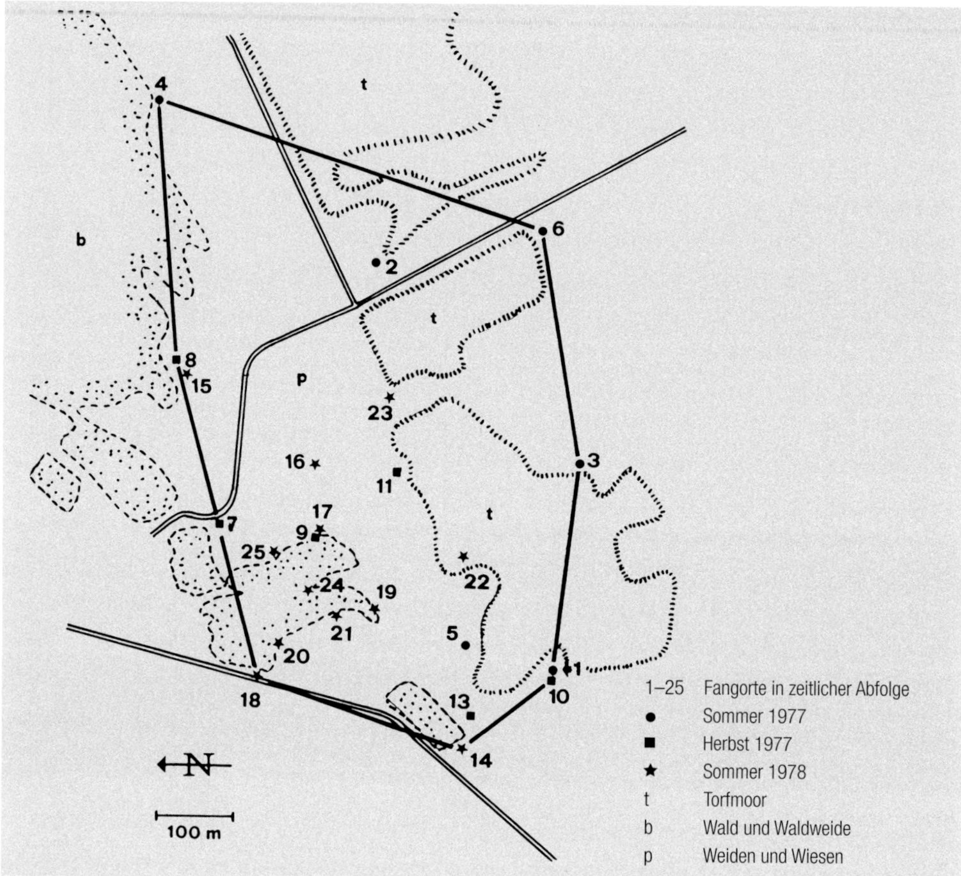

2

2 Aktionsraum eines Hermelinmännchens. Die Daten wurden im Schweizer Jura, während gut eines Jahres, mit der Fang-Wiederfang-Methode zusammengetragen. Die genutzte Fläche betrug etwa 40 Hektar.

3 Der Aktionsraum dieses Baummarderweibchens erstreckte sich über 3 km^2. Es wurde in 1 ½ Jahren

ihrer natürlichen Umgebung zu erfahren. Aber gerade bei den Kleinkarnivoren mit ihrer hohen Beweglichkeit, ihrem zerstreuten Vorkommen und ihrer schwierigen Fangbarkeit waren die Grenzen dieser Technik oft zu schnell erreicht, um viel über sie erfahren zu können. Denn das Fangen von Musteliden ist nicht einfach. Man muss manchmal Tage, ja Wochen Geduld aufbringen, um ein Individuum zu erwischen. Die Möglichkeiten erweiterten sich ganz wesentlich mit dem Aufkommen der Telemetrie, die mit Minisendern am Tier (S. 167, Abb. 7) respektive als Implantat im Körper sowie mit Antennen zur Ortung und Peilung arbeitet (S. 166, Abb. 6). Für das Monitoring von Kleinkarnivoren werden derzeit andere Methoden getestet, wie Spurensuche, Spurentunnel oder Fotofalle (siehe Kapitel 11).

3

mittels Telemetrie 455 Mal geortet. Die Weiden im Zentrum des Gebiets wurden fast nie begangen. Das Tier wechselte zwischen den bewaldeten Bergflanken entlang von Hecken. Es wurden ca. 70 verschiedene Lager identifiziert.

Heimgebiet und Territorialität

Gewisse Methoden lassen die (Wieder-)Erkennung von Individuen zu (Fang-Wiederfang, Telemetrie, Fotofallen). Damit kann dann der von einem Tier für seine verschiedenen Aktivitäten begangene Raum bestimmt werden. Die so ermittelte, von einem Tier genutzte Fläche wird Heimgebiet (auch Aktionsraum, Streifgebiet, Revier, engl. home range) genannt (Abb. 2, 3).

Der Ausdruck «Territorium» wird dabei besser vermieden, denn er ist enger gefasst und bezieht sich nur auf einen vom Tier aktiv gegenüber Artgenossen verteidigten Bereich des Lebensraums. Die Frage der Territorialität bei Musteliden ist weniger eindeutig als zum Beispiel bei Vögeln

4

4 Mit «Abdominalreiben», seinem häufigsten Markierverhalten, deponiert ein Baummarder auf einem Baumstrunk Drüsensekret (Fotofallenbild). Man beachte die Zecke am Hals.

und braucht noch einige Klärung. Es scheint aber ein verbreitetes «Mustelidenmuster» zu geben, die sogenannte «intrasexuelle Territorialität»: Die normalerweise größeren Reviere der Männchen überschneiden sich mit einem oder mehreren Weibchenrevieren. Gegen gleichgeschlechtliche Artgenossen wird, von gelegentlichen Ausflügen ins Nachbarrevier abgesehen, das Heimgebiet recht gut abgegrenzt, sei es mit Duftmarken oder auch durch aggressive Verteidigung.

Markierung

Markierungen werden mittels Kot, Urin und Duftdrüsensekret vorgenommen. Zum Anbringen der Sekrete aus Anal-, Genital-, Abdominal- und anderen Drüsen stehen mehrere Methoden zur Verfügung, die von den einzelnen Arten in unterschiedlicher Weise und Häufigkeit eingesetzt werden. Sowohl Männchen als auch Weibchen setzen Duftmarken, und die Tiere können sich anhand der Duftmarken auch individuell erkennen. Markieren wird bei dominanten Individuen häufiger beobachtet.

Der Baummarder deponiert das Sekret seiner Abdominaldrüse durch Reiben an Gegenständen («Abdominalreiben», Abb. 4). Wir haben beobachtet, wie er seine Kehle an Stellen rieb, an denen er zuvor das ölige Sekretdepot angebracht hatte, mit dem Nebeneffekt, dass dies den Orangeton seines Kehlflecks verstärkte. Es wird angenommen, dass die Absonderung der Analdrüse eher für die Kommunikation zwischen Arten eingesetzt wird (zum Beispiel zur Abwehr) und diejenige der Abdominaldrüse für innerartliche Botschaften. Markiersekret hat für den Menschen nicht unbedingt einen unangenehmen Geruch, beim Baummarder kann er süßlich sein und etwas an Baldrian erinnern.

Bei Iltis und Mauswiesel ist das Markieren mittels Urin und Genitaldrüsensekret am häufigsten. Körperreiben an Gegenständen wird bei allen einheimischen Arten in Zusammenhang mit Duftmarkieren gebracht.

Territorialverhalten während der Fortpflanzungs- und Aufzuchtzeit

Männchen und Weibchen leben im Allgemeinen einzelgängerisch, außer zur Fortpflanzungszeit. Das Weibchen scheint während der Jungtieraufzucht Territorien zu verteidigen, vor allem in Nestnähe. So sichert es sich die vorhandenen Beutetiere und vermindert das Risiko, dass seine Jungen durch benachbarte Männchen oder Weibchen getötet werden.

Das Männchen hingegen dehnt sein Heimgebiet vor allem im Frühjahr und Frühsommer aus, damit es sich möglichst mit demjenigen mehrerer Weibchen überlappt. Auch Streifzüge über sein eigenes Gebiet hinaus sind dann möglich, wobei es manchmal zu Konflikten mit ansässigen Männchen oder subadulten («halbwüchsigen») Tieren in Randgebieten kommt.

Sowohl beim Stein- wie beim Baummarder können subadulte Weibchen einige Zeit im mütterlichen Heimgebiet verbleiben, während junge Männchen es im ersten Herbst verlassen müssen. Oft fallen dann solche Jungmännchen, die auf der Suche nach einem eigenen Territorium umherirren, dem Straßenverkehr zum Opfer.

Schwankungen der Heimgebietsgröße

Die Heimgebiete der Marderartigen sind damit keine Räume mit fixer Größe, sie verändern sich im zeitlichen Verlauf, oft mit der Jahreszeit, manchmal verschieben sie sich auch. So sind sie beim Steinmarder im Winter kleiner als während der Fortpflanzungszeit im Frühjahr und Sommer. Sie werden größer, wenn das Nahrungsangebot knapp ist. Die Ausdehnung der Aktionsgebiete und die Populationsdichte in einem bestimmten Gebiet

5

5 Für die Steinmarder, welche sich an Siedlungen angepasst haben, gehören Dachrinnen ...

hängen weiter von der Habitatqualität, der Nahrungszugänglichkeit und dem Gesundheitszustand der Population ab.

Am ausgeprägtesten und zum Normalfall geworden sind diese Schwankungen bei Mauswiesel und Hermelin. Sie leben in sogenannten Metapopulationen. Von Metapopulationen spricht man, wenn eine Tierpopulation durch eine Aufteilung in unterschiedlich große Lokalpopulationen charakterisiert wird, die einzeln auch erlöschen und wieder auftreten können (siehe Themenkasten «Metapopulationen bei Hermelin und Mauswiesel», S. 61/62).

Steinmarder

Der Steinmarder nutzt ein breites Spektrum von Lebensräumen, die auch verschiedenartige Lebensbedingungen bieten (Zahl der Verstecke, Nahrungsdichte usw.) und unterschiedliche Lebensgewohnheiten mit sich bringen. Die Übergänge sind aber fließend, und die Marder können von einem Lebensraum in den anderen wechseln.

Am einen Ende des Lebensraumspektrums sind «Siedlungsmarder» Kommensalen des Menschen. (Kommensalen, lat. *cum* = mit, *mensa* =

6

Tisch; Mitesser, Tischgenosse. Kommensalen ziehen Vorteil aus dem Anschluss an eine andere Art, ohne sie zu schädigen oder ihr zu nützen.) Die Marder profitieren von der vielfältigen Infrastruktur der Zivilisation: Wohngebiete (Abb. 5, 6), Parks und Gärten, von Dörfern bis zu großen Städten. Je nach deren Ausdehnung können hier Hunderte bis Tausende von Individuen leben.

6 ... und Dächer aller Art zum Lebensraum. Durch Einschlupflöcher im Dach, die sie manchmal erweitern, gelangen sie in die Häuser.

Am anderen Ende des Spektrums ziehen «Landmarder» Weiler und Einzelgehöfte vor. In den Alpen, den Pyrenäen oder den Hügeln und Buschlandschaften des Mittelmeergebietes kommen sie auch ausschließlich in unbewohnten Zonen «in freier Natur» vor (Abb. 7, 8). Hier durchstreifen sie Wiesen und Kulturen, aber auch gebüschreiche und bewaldete Gebiete. Im Sommer richten sie manchmal ihre Lager ausschließlich im Wald ein, im Winter werden fast immer Gebäude vorgezogen.

Die Habitatgröße des Steinmarders reicht von einem halben Quadratkilometer bis zu vier Quadratkilometer. In Agglomerationen ist sie in der Regel kleiner als in offener Landschaft.

7 Steinmarder können auch weit ab von menschlichen Behausungen angetroffen werden und leben im Wald oft neben dem Baummarder.

8 Der Steinmarder steigt unter den europäischen Säugetieren am höchsten in die Berge. Seine Spur wurde bis auf fast 4500 m ü. M. nachgewiesen, wo er Nahrungsreste rund um Berghäuser suchte.

7

8

Baummarder

Der Baummarder lebt in bewaldetem Gebiet (Abb. 9), von kleinen Gehölzen bis zu ausgedehnten Hochwäldern (Abb. 10, 11). Sein Heimgebiet ist im Allgemeinen größer als dasjenige der anderen Kleinmarder. Es kann einen bis mehr als zehn Quadratkilometer umfassen, je nachdem, wie groß das Nahrungsangebot ist (das im Wald weiter verteilt ist) und wie stark das Waldgebiet zerstückelt ist.

Iltis

Der Iltis lebt am liebsten in Wäldern und Gehölzen an Sumpf- und Röhrichträndern (Abb. 12, 13), in Abfallhalden und in der Nähe von Häusern. In Norddeutschland leben Iltisse besonders in strukturreichem Feuchtgrünland und in der Nähe von Wiesland. In den Bergen haben wir seine Spuren bis auf eine Höhe von 1700 Meter gefunden. In der Literatur werden zur Heimgebietsgröße sehr unterschiedliche Angaben gemacht: von acht Hektar bis fast zehn Quadratkilometer.

9 Im Schutz der Bäume kann sich der sehr bewegliche Baummarder fast geräuschlos fortbewegen, wobei er auch weit von Ast zu Ast springt.

10 Buchen- oder Mischwald mit Unterholz ist ein idealer Lebensraum für den Baummarder, da er ihm ein reicheres Nahrungsangebot (Nagetiere, Vögel, Früchte) bietet als reine Fichten- oder Föhrenwälder.

9

10

11

11 Auch ausgedehnte Nadelwälder werden vom Baummarder als Lebensraum genutzt.
12 Iltisspur auf einem gefrorenen Weiher. Neben den Nerzen ist der Iltis am engsten an Feuchtgebiete gebunden, ...

Das Tier nutzt sein Wohngebiet abschnittsweise, wobei die einzelnen Abschnitte recht klein sind. Es kann während mehrerer Wochen in einem Gebiet bleiben, bis darin nicht mehr genug Nahrung vorhanden ist oder eine andere Ressource knapp wird.

In gewissen Regionen Europas ist der Iltis sehr selten geworden, vermutlich infolge des Rückgangs von Feuchtgebieten (Abb. 14, 15). An einigen Orten scheinen sich aber seine Bestände zu erholen oder sogar zuzunehmen, weil Feuchtgebiete geschützt oder revitalisiert werden.

Europäischer Nerz

Die Art ist an den Übergangsbereich zwischen Land und Wasser angepasst: Uferbereiche von Fließgewässern, Teichen und Seen, Küstensümpfe usw. (Abb. 16). Der Nerz schwimmt perfekt und taucht gerne, um an Beute heranzukommen. Mit seinen ökologischen Ansprüchen steht er zwischen dem Fischotter und dem Iltis. Er frisst opportunistisch, was ihm in flachen

12

13

14

13 ... weil er dort seine bevorzugte Nahrung findet: Kröten und Frösche (Fotofallenbild).
14 Der Iltis bevorzugt gebüschreiche oder bewaldete Uferzonen.

15 Reiche Strukturierung der Landschaft bedeutet höhere Qualität für Iltishabitate.

Gewässern, Uferwäldern und Sümpfen zwischen die Zähne kommt, ebenso sehr wasserlebende wie landlebende Beute.

Mink

Auch diese Art lebt «halbaquatisch», schwimmt und taucht perfekt. Sie durchstreift sumpfige und nasse Lebensräume, auch in Randbereichen des Meeres (Meeresarme, Inseln). Verglichen mit dem Europäischen Nerz ist der Mink noch strenger auf Lebensgemeinschaften ausgerichtet, die ans Wasser gebunden sind.

Hermelin

Die ökologische Breite des Hermelins ist recht groß. Im Gegensatz zum Mauswiesel kommt es aber nur selten im Innern größerer Wälder vor. Wir haben es von der Atlantikküste über Schilfröhrichte an Seen bis auf 3000 Meter hinauf (Abb. 18) am Rand eines Gletschers schon beobachtet. In unserem jurassischen Untersuchungsgebiet nannten wir Trockenmauern, Hecken und die Ufer kleiner Bäche (Abb. 19, 20) «Hermelin-Autobahnen», so häufig wurden sie begangen.

Wie bei den anderen Musteliden sind die Heimgebiete von Tieren des gleichen Geschlechts meist deutlich voneinander abgegrenzt, aber kleine Grenzüberschreitungen zum Nachbarn oder zur Nachbarin sind häufig. Die Heimgebietsgröße variiert von zwei bis fünfzig Hektar, diejenige der Männchen ist drei- bis viermal größer als diejenige der Weibchen. Im Jura (Abb. 21) und in den Alpen (Abb. 22, 23) haben wir Populationsdichten

16 Die beiden Nerze sind stark ans Wasser gebunden (hier ein Europäischer Nerz).

von einem bis zu neun Hermelinen pro Quadratkilometer vorgefunden. Im Frühjahr scheint die winterliche Raumaufteilung der Männchen auseinanderzufallen. Die Tiere werden dann sehr unruhig und gehen auf Weibchensuche. Letztere bleiben dabei viel ortstreuer. Das Gleiche gilt übrigens auch für das Mauswiesel.

Auf einem kleineren Berg nördlich des Col des Mosses, in den Schweizer Alpen, konnte die Raumnutzung einer Hermelinpopulation während einer dreimonatigen Phase mit hoher Schneedecke anhand von Spuren ermittelt werden (Abb. 24). Die Tiere waren in dieser Zeit wenig bewegungsfreudig, und die meisten suchten in Alphütten oder in Heustadeln Unterschlupf. Das Geschlecht bestimmter Individuen konnte über Lebendfang oder anhand der Spurengröße bestimmt werden. Auf der Nordflanke lebten mindestens 16 Individuen, auf der Südflanke elf. Winterliche Heimgebiete sind meist isoliert voneinander und umfassen eine Fläche von vier bis zehn Hektar.

18
19
20

17 Eine zerfallene Hütte, ein Gewirr von hohen Stauden: Hier fühlt sich das Hermelin wohl.

18 Dieses Hermelin nutzt einen ehemaligen Bewässerungskanal in den Alpen (Suone, Bisse) zur Fortbewegung.

19 Trockenmauern sind bei kleinen Musteliden beliebt, insbesondere bei Hermelin und Mauswiesel, die dort sowohl Versteck als auch Nahrung finden.

20 Wasserläufe sind bevorzugte und wichtige Vernetzungselemente in einem Wieselgebiet. An diesem Bach wurden regelmäßig Hermeline beobachtet.

17

21 Der Schlüsselfaktor in den Heimgebieten der beiden Wieselarten ist das Nahrungsangebot. Diese jurassische Weide ist während einer Mäuseplage übersät mit Wühlmaushaufen.

22 Abwechslungsreiche alpine Mosaiklandschaften sind ideale Lebensräume für Hermelin und Mauswiesel, ...

23 ... die bis oberhalb der Baumgrenze vorkommen.

21
22
23

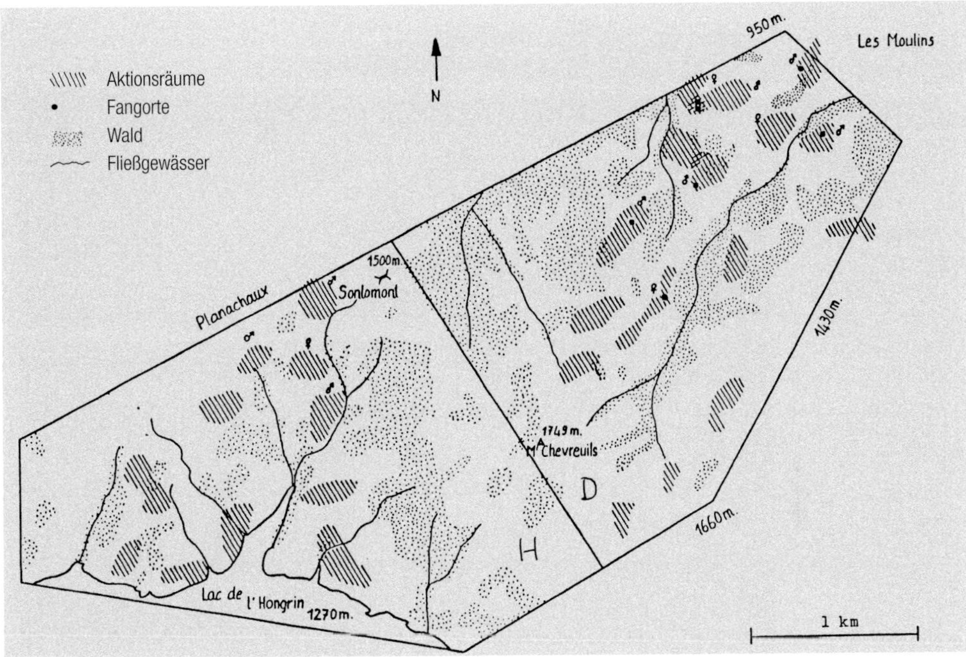

24

Mauswiesel

Mauswiesel haben große Streifgebiete und ihre ökologische Breite ist beträchtlich: Sie können fast in jedem Biotoptyp vorkommen (Abb. 25, 26). Man findet sie in landwirtschaftlichen Nutzflächen der Ebene, in Wiesen, in Obst- und Weingärten, aber auch im Wald, in Hochmooren und im Gebirge oberhalb der Baumgrenze. In rauem Klima werden bewaldete Gebiete den offenen vorgezogen. Hecken und dichtes Gestrüpp werden gerne genutzt; das Mauswiesel scheint aber – im Gegensatz zum Hermelin – auch in großen Getreidemonokulturen ohne Gebüschreste leben zu können. In solchen Flächen wird seine Lebensweise noch unterirdischer, als sie ohnehin schon ist.

Die Größe des Heimgebietes – ortstreue Phase vorausgesetzt – ist im Allgemeinen kleiner als zehn Hektar, variiert aber zwischen ein bis 25 Hektar bei Männchen und ein bis sieben Hektar bei Weibchen.

Die hohe Hauskatzendichte in Siedlungszonen schadet vermutlich den Mauswieseln stark. Einerseits haben Katzen und Mauswiesel teilweise

24 Unter hochwinterlichen Bedingungen lebten auf diesem Berg in den Schweizer Alpen mindestens 16 Hermeline auf der Nordflanke (D: 5,5 Tiere/km^2) und 11 Individuen auf der Südflanke (H: 3,1 Tiere/km^2).

25 Das heimlich lebende Mauswiesel kommt nicht nur in offenem Landwirtschaftsgebiet, ...

26 ... sondern auch im Wald vor, wo es unter anderem Vögel jagt und diese dabei bis in ihre Nester verfolgt.

25

26

dasselbe Nahrungsspektrum (Mäuse) und konkurrenzieren sich in diesem Bereich, andererseits werden Mauswiesel auch selbst zur Beute von Katzen.

Zusammenfassende Charakterisierung der Kleinmarderhabitate:

- Steinmarder: Gebäude, Landwirtschaftsgebiet,
- Baummarder: Wälder aller Größenklassen,
- Iltis: aufgelockerter Wald, sumpfige Gebiete,
- Nerze: Ufer von Seen und Fließgewässern in der Ebene,
- Hermelin: Wiesen und Gehölze,
- Mauswiesel: sehr verschiedene Biotoptypen.

Im Einzelfall muss man aber mit fast allen möglichen Ausnahmen rechnen; jede der fünf Arten kann praktisch in jedem Biotoptyp beobachtet werden: Baummarder wurden in Gärten großer Städte oder in Maisfeldern gesehen, Steinmarder und Hermeline inmitten großer Wälder gefangen.

Themenkasten

Metapopulationen bei Hermelin und Mauswiesel | Helen Müri

27

27 Der häufige Wechsel zwischen gut vernetzten Habitatflecken gehört zum normalen Raumverhalten dieses Hermelins.

Mauswiesel – und in Abschwächung auch Hermeline – sind zwei der ganz wenigen einheimischen Säugetierarten mit einer echten beziehungsweise primären Metapopulationsstruktur. Arten mit einer solchen Populationsstruktur leben natürlicherweise in fleckenhaft verteilten und voneinander getrennten Lokalpopulationen, die jedoch untereinander regelmäßig Individuen austauschen. Ein solches Netzwerk von lokalen Populationen nennt man Metapopulation. Häufiges Erlöschen von Lokalpopulationen ist bei den echten Metapopulationen mindestens teilweise ein natürlicher Prozess.

Echte respektive primäre Metapopulationen sind durch regelmäßiges Erlöschen von Lokalpopulationen auch unter naturnahen Bedingungen und durch Wiederbesiedeln leerer Habitatflecke gekennzeichnet.

Bei sekundären Metapopulationen ist die fleckenhafte Verteilung künstlich, das heißt durch menschengemachte Lebensraumzerschneidungen erzwungen. Der Metapopulationsstruktur steht die «Quellen-Senken-Struktur» von im Prinzip regelmäßig über Raum und Zeit verteilten Tieren gegenüber.

Die schematischen Zeichnungen verdeutlichen die Unterschiede:

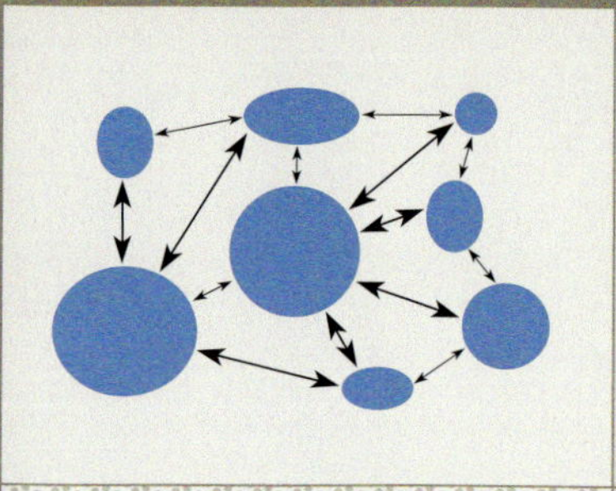

Primäre (echte) Metapopulationsstruktur
Die Gesamtpopulation besteht aus mehreren lokalen Populationen, die in getrennten Habitatflecken leben. Individuen können zwischen diesen hin und her wandern, doch sind die Zwischenräume für einen längeren Aufenthalt oder gar die Jungenaufzucht nicht geeignet. Gelegentlich sterben Lokalpopulationen aus, oder sie entstehen neu, indem einzelne Individuen leere Habitatflecke besiedeln. Die Balance zwischen Erlöschen und Neuentstehen muss langfristig ausgewogen sein.

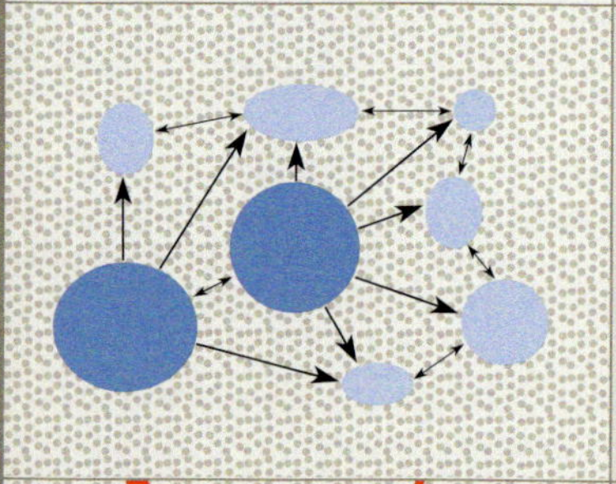

Quellen-Senken-Struktur (Source-Sink-Struktur)
Quellen-Senken-Populationen findet man bei Tierarten mit flächendeckender Verbreitung. Obwohl der ganze Lebensraum besiedelt wird, gibt es Bereiche mit unterschiedlicher Qualität: In Quellen-Bereichen mit besonders guter Qualität (Source) nimmt die Tierdichte zu, und es wandern Tiere aus. In Senken-Bereichen mit schlechterer Qualität (Sink) hingegen können die Tierdichten gering sein oder abnehmen. Manchmal überleben diese Teilpopulationen nur dank Einwanderung aus Quellenhabitaten. Zwischen allen Teilbereichen besteht ein regelmäßiger Austausch.

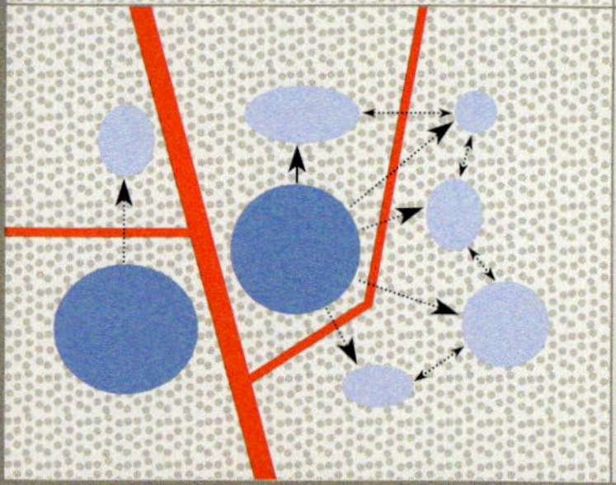

Sekundäre Metapopulationsstruktur
Aufgrund von künstlichen Wildtierbarrieren (Autobahnen, Siedlungen usw.) werden ursprünglich zusammenhängende Lebensräume oft in Fragmente zerstückelt. Selbst Tierarten, die für eine Quellen-Senken-Struktur prädestiniert sind, werden nun in Lokalpopulationen aufgeteilt, zwischen denen nur noch vereinzelt ein Austausch stattfindet. Auch in sekundären Metapopulationen können Lokalpopulationen aussterben. Noch unklar ist, ob Quellen-Senken-Arten eine ausreichende Eignung für die regelmäßige Neugründung von Lokalpopulationen mitbringen.

blau:	Lokalpopulationen in Lebensräumen mit hoher Qualität bzw. Quellen-Bereiche mit wachsenden Teilpopulationen
hellblau:	Senken-Bereiche mit abnehmenden Lokalpopulationen
punktiert:	Zwischenbereiche mit mittlerer Habitatqualität
beige:	Gebiete ohne Habitatqualität, aber passierbar
rote Linien:	unterschiedlich breite Wildtierbarrieren
Pfeil ausgezogen:	Verbindung zwischen Lokalpopulationen
Pfeil punktiert:	eingeschränkte Verbindungen zwischen künstlich getrennten Lokalpopulationen

4

Wo es Ruhe braucht

1

1 Vogelnester, insbesondere von Rabenvögeln, machen mehr als die Hälfte der Baummarderlager aus. Manchmal befinden sie sich in Baumwipfeln in 30 Meter Höhe.

Verstecke und Nester

Verstecke und Nester sind im Leben eines Musteliden zentral. Sie haben viele Funktionen: Sie dienen als Ort zum Ruhen, zur Fortpflanzung und Aufzucht von Jungen, manchmal als Vorratslager für Nahrung. Sie müssen größtmöglichen Schutz vor der Härte des Klimas, der Unbill der Witterung, vor Feinden und vor Konkurrenten bieten. Deshalb sind sie oft gut versteckt

2 3

2 Steinmarder nutzen gerne Hohlräume in Kellern, Scheunen oder Dächern als Unterschlupf.

3 Baummarder ziehen sich auch gerne in unterirdische Hohlräume oder Felsspalten zurück.

und schwer zugänglich, sei es in der Tiefe des Bodens, in einem Haufen Stroh oder hoch oben in einem Baum. Außerdem bieten sie, wenn immer möglich, mehrere Fluchtwege. Alte Vogelnester beispielsweise (Abb. 1), oft regelrechte Bergfriede, erlauben es dem Baummarder, potenzielle Eindringlinge schnell zu erspähen, welche sich ein bisschen zu sehr für ihn interessieren.

Winternester und Nestwechsel

Im Winter wählen die Kleinraubtiere Rückzugsorte, welche vor allem einen guten Kälteschutz bieten: Gebäude, Boden- oder Schneehöhlen, Eichhörnchenkobel oder Ähnliches. Im Allgemeinen bauen sich die kleinen Musteliden ihren Unterschlupf nicht selbst. Sie profitieren von einer geschützten Stelle (Abb. 2) oder einem Loch (Abb. 3), das schon vorhanden ist. Vielleicht verbessern sie dieses ein wenig durch Nachgraben oder erhöhen den Komfort, indem sie verschiedenes vorhandenes Material, wie dürres Gras, Stroh oder Tierhaare, anhäufen (Abb. 12). Ein eigentliches Nestbauverhalten ist aber, wenn überhaupt, nur sehr schwach ausgebildet.

Die Tiere wechseln ihre Aufenthaltsorte im Verlauf eines Jahres ziemlich häufig. Bei einem Baummarder haben wir im Lauf von sechs Monaten nahezu dreißig benutzte Lager gezählt. Die Gründe für die häufigen Umzüge sind nicht ausreichend bekannt. Sie dürften aber mit dem

4 Im Gebälk erweist sich der Steinmarder als wahrer Akrobat.

Wechsel der Jagdgebiete, mit dem großen Nahrungsangebot während der beutereichen Jahreszeit oder auch mit der Entwicklung und Anhäufung von Flöhen und anderen Parasiten zusammenhängen. Wenn sie nicht gestört werden, bleiben die Tiere im Winter und im Frühjahr während der Wurfzeit ihren Lagern sehr viel treuer als in der übrigen Zeit.

Steinmarder

Die Mehrzahl der Steinmarderverstecke und -nester liegt im Inneren von Gebäuden (Abb. 4), egal welcher Art, wenn sie nur ein paar ungestörte Bereiche aufweisen, die zum Bleiben einladen. In Dörfern und einzeln stehenden Gehöften (Abb. 5) richtet sich der Steinmarder ganz gerne in oder auf einem Stroh- oder Heuhaufen ein. Hier gibt es beste Isolation gegen extreme Kälte oder Hitze und gegen Feuchtigkeit. Es gibt Nester, die durch ein kompliziertes System von Tunneln und Durchgängen mit der Außenwelt oder mit anderen Nestbereichen verbunden sind.

Gerne nistet sich der Steinmarder auch in Speichern oder im Isolationsmaterial von Dächern (S. 156, Abb. 7) ein. In der Dachisolation kann er große Schäden durch das Wegscharren und Wegschaffen von Fasermaterial verursachen. Man muss ihn in den hoch gelegenen Gebäudeteilen suchen (während sein Vetter, der Iltis, eher Erdgeschosse bewohnt). Man trifft den Steinmarder allerdings ebenfalls in Kellern, Gartenhäuschen,

5

5 Wintermorgen, ein Steinmarder hat sein Tagesversteck bezogen.

sogar in Grabkammern, und in Autos. Aber auch geeignete Orte in freier Natur werden als Verstecke nicht verachtet. Wir haben Steinmarder in Steinhaufen, Erdhöhlen, Spalten in Felswänden und Steinbrüchen, etwas seltener in Vogelnestern angetroffen. Ein Weibchen hauste während zwei Wochen mitten im Wald, in einem Loch unter einem großen Felsblock.

Baummarder

Der Baummarder verdankt seinen Namen vor allem der Wahl seiner Bleibe, denn zur Fortbewegung begibt er sich eher auf den Boden als auf Bäume. Er haust am liebsten auf Bäumen, in Nestern von Krähen und ihren Verwandten, von Drosseln und Greifvögeln, von Eichhörnchen, aber auch auf «Hexenbesen» (kugelige und buschige Verwachsungen in Baumkronen)

6

6 Ein Baummarder, Bewohner eines Spechtloches, steckt seine Nase «aus dem Fenster».

oder in Spechtlöchern (Abb. 6) und manchmal auch ganz einfach auf Ästen. Vogelnester werden vor allem im Sommer bezogen, wenn nötig, werden zuerst die ursprünglichen Bewohner vertrieben.

Der Baummarder verschmäht aber auch Lager auf oder unter dem Boden durchaus nicht, seien es Höhlen zwischen Baumwurzeln oder im Boden (Abb. 3), Asthaufen oder Fuchsbaue. Nur ausnahmsweise kann man ihn auch in (unbewohnten) Gebäuden antreffen, wo wir sogar einmal ein Weibchen mit seinem Wurf festgestellt haben. Wie der Iltis liebt auch der Baummarder im Winter gut versteckte Lager (Eichhörnchenkobel oder Boden- und Schneelöcher), in denen er sich nach Marderart zu einer Kugel zusammenrollt, den Kopf auf die Hinterbeine oder den Schwanz gebettet.

7 In der Dämmerung verlässt ein Iltis seinen Erdbau.

8 Frische Spuren, eine feine Dampfwolke, die aus der Öffnung steigt, oder leicht angeschmolzener Schnee um die Öffnung herum zeugen von der Anwesenheit des Bewohners.

9 Iltisse nutzen gerne Scheunen, um geschützt vor der Witterung im Stroh zu übernachten.

10 Hier wurde ein Holzstoß als geeignete Wohnstätte befunden.

Iltis

Auch der Iltis kennt ein breites Spektrum von Unterkünften, die man in folgende Kategorien unterteilen kann:

- Unterirdische Höhlen, die er oft selbst durch Graben erweitert: Löcher im Boden (Abb. 7, 8) oder in Mauern, in Dämmen, unter Baumstrünken und Wurzeln, Kaninchen- und Fuchsbaue, Drainageröhren.
- Gebäude, in denen er versteckte Winkel im Stroh (Abb. 9 und Aufschlagseite Kap. 12) und Heu findet: Scheunen, Ställe, Remisen, Ruinen usw.
- Schlupfwinkel auf der Erdoberfläche: in Ast- und Steinhaufen, in Holzstößen (Abb. 10), in Unterholz und in Dickichten.

Je nach Situation sind diese Lager mit Moos, Blättern oder Gras ausgepolstert. Im Sommer sind Verstecke auf der Erdoberfläche beliebter, Anfang Winter diejenigen unter der Erdoberfläche und während Kälteperioden Gebäude. Hier versteckt sich der Iltis, der übrigens zusammen mit Steinmarder oder Hermelin vorkommen kann, umso sorgfältiger, je beunruhigter er durch die Anwesenheit von Menschen ist. Darum wird er meist übersehen.

9

10

11

11 Das Mauswiesel kennt eine ganze Palette von Rückzugsorten, Hauptsache, sie sind hohl und nicht allzu geräumig.

Mauswiesel und Hermelin

Die Wohnstätte des Mauswiesels befindet sich in der Regel nahe am Boden oder ist unterirdisch: in Gängen von Nagern, in Steinmauern und -haufen (Abb. 11), in hohlen Baumstrünken, in Ast- oder Heuhaufen. Es polstert manchmal seine Bleibe mit Federn und Haaren aus, welche von seiner Beute stammen (Abb. 12). In den ersten kalten Wintertagen zieht es sich gerne in wenig begangene landwirtschaftliche Gebäude zurück. Dies gilt auch für das Hermelin, das sich aber wahrscheinlich seltener an Orte unter dem Boden zurückzieht.

Wir haben festgestellt, dass die Mehrheit der im Winter unbenutzten Alphütten (Abb. 13, 14) vom Hermelin bewohnt waren. Die Sennen wussten das früher übrigens sehr gut, und die Tiere waren Teil ihrer Geschichten und Legenden. Wer nicht zu seinen «Stallkobolden» schaute, diesen Vertilgern von Ratten und Ungeziefer, über den würde Unglück kommen: Sein Vieh würde sterben und sein Käse verderben. Er musste damit rechnen, dass sich die kleinen Teufel zum Vieh schlichen und den Kühen ins Euter bissen, um daraus ein paar Tropfen Milch zu trinken.

Im Winter lagern Hermeline auch gerne in Mauselöchern oder einfach unmittelbar unter der Schneedecke, die eine gute Isolation bietet.

12 Es braucht etwas Glück, ein Mauswieselnest auch einmal zu sehen. Die Polsterung mit Fellresten gefressener Mäuse ist typisch.

13 Das Hermelin hilft, ungebetene Wintergäste in Gebäuden kurz zu halten. Es jagt hier Mäuse und andere Kleinsäuger.

14 Alte, vornehmlich landwirtschaftliche Gebäude werden von Steinmarder (Spuren auf dem Dach), Iltis, Hermelin und Mauswiesel gerne als Unterschlupf angenommen, vor allem im Winter, wenn sie nicht genutzt werden.

12
13
14

Themenkasten

Strategien zum Schutz vor großer Kälte

15

15 Die Schneedecke bietet dem Hermelin im weißen Winterkleid nicht nur Tarnung, sondern vor allem Schutz vor der Kälte.

Das Hermelin ist eines der Säugetiere, das am höchsten in die Berge steigt und am weitesten gegen Norden vordringt. Von den Gipfeln der Alpen bis in polare Gegenden trotzt es den kältesten Klimabedingungen, obwohl sein Körper eigentlich gar nicht an die Kälte angepasst ist. Er ist lang gestreckt und weist, im Vergleich zu kugelig gebauten Tieren, verhältnismäßig viel Oberfläche auf, über die das Hermelin Wärme verlieren kann. Die kurzen Haare und die geringe Fettschicht unter der Haut sind ebenfalls Faktoren, die nur mäßig vor Wärmeverlust schützen. Das zur raschen Energiegewinnung dienende braune Fettgewebe steht dem Hermelin kaum zur Verfügung, und auf einen Winterschlaf verzichtet es – es ist im Gegenteil in der kalten Jahreszeit sehr aktiv. Die kritische

16 Zwischen Schneedecke und Erdboden ist es 20 Grad wärmer als auf der Schneeoberfläche: Das ermöglicht dem Hermelin, auch in arktischen Verhältnissen den Winter zu überstehen.

Temperatur schließlich, unterhalb deren Musteliden zum Ausgleichen des Wärmeverlusts ihren Stoffwechsel erhöhen müssen, liegt bei ungefähr 15 Grad Celsius. Das ist zwar niedriger als beim Menschen (27 Grad Celsius), aber beträchtlich höher als bei Arten, die körperlich an kalte Temperaturen angepasst sind, wie etwa beim Schneehasen oder vor allem beim Eisfuchs (–25 bis –40 Grad Celsius). Zudem nimmt die Körpergröße des Hermelins mit der Höhe oder gegen Norden hin erst noch ab, völlig im Widerspruch zur Bergmann'schen Regel, die für weit verbreitete Arten genau das Gegenteil postuliert. (Diese Regel ist allerdings nicht allgemein gültig, denn sie bestätigt sich ohnehin nur für bestimmte Arten.)

Wie trotzt also das Hermelin dem Frost?

Halten wir zuerst als Anpassung an Kälte und Schnee fest: Die Musteliden haben eine eher kurze Schnauze, kurze Beine und kleine Ohren. (Damit folgen sie der Allen'schen Regel, die besagt, dass bei zunehmend kaltem Klima die Körperanhänge im Verhältnis zur übrigen Körpergröße kleiner werden.) Außerdem tragen das Hermelin und das Mauswiesel der Berge und des Nordens *(Mustela nivalis nivalis)* im Winter ein weißes Fell, als Tarnung vor Feinden und als Sichtschutz gegenüber Beutetieren in offenem verschneitem Gebiet. Als Isolation zum gefrorenen Boden oder im Schnee sind die Sohlen dann auch dichter behaart. Ein Stoffwechsel auf hohem Niveau liefert den Musteliden zwar Wärme, erfordert aber andererseits viel Energiezufuhr über die Nahrung: Sie kommen nicht lange ohne Jagd aus und legen Nahrungsdepots an, um schlechte Zeiten zu überstehen. Einen gewissen Schutz bietet auch die eingerollte Schlafstellung, bei welcher der Kopf unter dem behaarten Schwanz warm gehalten wird.

Das alles genügt aber nicht als Schutzstrategie während der ausgedehnten Kälteperioden, welche die kleinen Musteliden überstehen müssen. Offenbar profitieren sie durch die Jagd unterhalb der Schneedecke und die ebensolche Wahl ihrer Lager im Winter von der ausgezeichneten Wärmeisolation, welche die Schneedecke bietet. Während Oberflächentemperaturen weit unter null Grad Celsius nicht lange ertragen werden könnten, herrschen in der Schicht zwischen Schnee und Boden mit Temperaturen um null Grad Celsius durchaus erträgliche Lebensbedingungen.

Der Halsbandlemming der Arktis oder die Schneemaus der Alpen nutzen die Schneedecke auf dieselbe Weise wie das Hermelin als zusätzlichen Kälteschutz, denn ihr Fell schützt nicht so gut gegen die Kälte wie beispielsweise dasjenige der Schneehasen. Überhaupt nutzt die Mehrzahl der Tiere, vor allem in der Arktis, die Schneedecke zur Isolation, sei es direkt auf dem dicken Fell, indem sie sich einschneien lassen, sei es, indem sie in der Schneedecke oder in Schneewällen schützende Höhlen anlegen.

Hermelin, Iltis und Steinmarder in Siedlungen profitieren oft vom Schutz und Nahrungsangebot von Gebäuden. Musteliden, die nicht in Siedlungsnähe leben, wie der Baummarder, müssen im Winter unter Umständen mehr Zeit in die Jagd investieren, um an genügend Nahrung heranzukommen. Auch sie wählen Lagerstätten unter der schützenden Schneedecke. Der Baummarder und der Zobel Sibiriens, an die harten Witterungsbedingungen der alpinen Wälder beziehungsweise der Taiga angepasste Jäger, haben ein wesentlich dichteres Fell als Hermeline und im Winter behaarte Sohlen.

5 Am Tag oder in der Nacht?

Aktivitätszeiten und Aktivitätsrhythmen

Endogene und exogene Faktoren

Die Faktoren, welche den Aktivitätsablauf lebender Organismen beeinflussen, sind so zahlreich, dass wir sie unmöglich alle in einem kurzen Kapitel behandeln können. Wir halten aber zumindest fest, dass sie im Wesentlichen in zwei Kategorien eingeteilt werden können:

- Endogene (innere) Faktoren: Sie werden zu einem großen Teil von Hormonen gesteuert und regeln zum Beispiel die Fortpflanzungszyklen und die im Gehirn lokalisierte «innere Uhr».
- Exogene (äußere) Faktoren sind: Wettersituation, Aktivitätszeiten der Beutetiere, Wechsel von Tag- und Nachtzeiten.

Alle diese Elemente zusammen formen auch den Aktivitätsrhythmus der behandelten Arten im Jahresablauf.

Tag-Nacht-Aktivität

Als wichtigsten der hier angesprochenen Zeitgeber sei der Tag-Nacht-Wechsel erwähnt. Er beeinflusst die Aktivitätszeit in großem Maße. Die Aktivitätszeit ist bei den Musteliden oft nicht eindeutig in Tages- oder Nachtaktivität unterteilt. Obwohl sie insgesamt betrachtet eher nachts unterwegs sind, kann man Musteliden zu jeder Tageszeit antreffen.

1

1 Der Steinmarder ist hauptsächlich nachtaktiv, er kann vor allem in der Dämmerung beobachtet werden (Fotofallenbild).

2

2 Alle Sinne des Baummarders sind gespannt, wenn er sich auf nächtlicher Pirsch befindet: feuchter Nasenspiegel, weit geöffnete Pupillen, Ohren und Sinneshaare auf Empfang.

Die Stein- und Baummarder sowie der Iltis sind vor allem nacht- und dämmerungsaktiv (Abb. 1, 2). Der Steinmarder ist am ausgeprägtesten in der Nacht munter, der Baummarder im Vergleich mit Steinmarder und Iltis am häufigsten am Tag. Im Winter sind alle drei Arten nur nachts unterwegs, von Anfang Juni bis Ende September kann man sie auch tagsüber antreffen. Diese Periode fällt zusammen mit der Ranzzeit (Paarungszeit), mit der Zeit, in der die Jungen zusammen mit der Mutter ihre ersten Streifzüge unternehmen, und mit der Zeit des Jahres, in der das breiteste Nahrungsangebot vorhanden ist. Für gewöhnlich aber erwachen die Tiere nach Sonnenuntergang und verschwinden vor Sonnenaufgang wieder in ihren Verstecken.

Die nächtlichen Aktivitätsperioden sind von Ruhephasen unterbrochen. Die gesamte Aktivitätsdauer, damit vor allem auch die für Jagd und Umherstreifen aufgewendete Zeit, ist im Sommer ausgedehnter als im Herbst, und im Winter wird sie noch kürzer. Als Faustregel über das ganze Jahr gilt: Die Chancen, die Tiere anzutreffen, sind zwischen 21 und 23 Uhr und in der zweiten Nachthälfte zwischen zwei und fünf Uhr am größten.

Auch Nerze sind dämmerungs- und nachtaktiv, der Mink etwas weniger als der Europäische Nerz.

Hermelin und Mauswiesel bewegen sich praktisch ebenso viel am Tag (Abb. 3) wie in der Nacht. Dabei gibt es aber Unterschiede je nach Saison: Das Hermelin ist im Winter hauptsächlich nachtaktiv und im Sommer

3

tagaktiv. Der Wechsel erfolgt jeweils ungefähr im November und im März/April. Zudem sind die Aktivitätszeiten sowohl tagsüber als auch nachts kurz und von Pausen unterbrochen. Die für die Jagd aufgewendete Zeit beträgt während eines 24-Stundenzyklus insgesamt etwa vier bis fünf Stunden.

3 Im Gegensatz zu Mardern und Iltissen sind Wiesel häufig auch tagsüber unterwegs. Hier ein Hermelin beim Trinken.

Klimaeinflüsse

Feuchtes Wetter und auch Regen beeindrucken die Musteliden im Allgemeinen wenig, außer vielleicht starke Gewitter. Während unserer Fangaktionen haben wir sogar eine höhere Fangquote bei schlechtem Wetter festgestellt. Schneefall, vor allem aber Schneestürme sind da sehr viel einschränkender, denn sie vermindern die Bewegungsmöglichkeiten oder unterbinden sie sogar ganz. So haben wir in den Alpen einmal die Beobachtung gemacht, dass ein Hermelin zwei Tage lang in einem Erdloch inmitten einer Viehweide durch die Witterung blockiert blieb. Ein andermal war ein Baummarder während über dreißig Stunden in einem Eichhörnchennest eingeschlossen.

Es scheint, dass auch Temperaturen unter dem Gefrierpunkt beim Steinmarder, nicht aber beim Baummarder, die Aktivität vermindern. Letzteren haben wir über Kilometer verfolgen können – bei minus vierzig Grad Celsius (vgl. auch Kap. 8).

Falsch ist die Ansicht, bei Vollmond seien die Tiere aktiver. Wir vermuten sogar, dass sich die Tiere aufgrund dieser zusätzlichen Helligkeit (bei klarem Himmel) weniger in offenem Gebiet bewegen, weil sie dann sichtbarer und folglich verletzlicher sind.

4 Unterbruch der Aktivität in einem Erdloch: Nachdem es hier während des Tages einige Zeit geruht hat, ist das Hermelin in der folgenden Nacht wieder zur Jagd ausgerückt.

4

Themenkasten

Hinter den Kulissen: Momente aus dem Iltisleben | Darius Weber

5

5 Iltisbeobachtungen bei Tageslicht sind eine große Ausnahme.

Iltisse verbergen sich vor neugierigen Blicken, wenn immer dies möglich ist. Deshalb bleiben sie in der Regel unentdeckt, selbst wenn sie tagsüber innerhalb der Siedlung unterwegs sind. Das Vorkommen des Iltisses in den Agglomerationsgemeinden um Basel war zum Beispiel lange unbekannt, und ich kam selbst erst dahinter, als ich meine im Wald gefangenen und dort besenderten Iltisse zu meiner Überraschung in den Wohnquartieren wiederfand.

In keinem einzigen Fall wurden «meine» Iltisse von den Bewohnern der Häuser entdeckt, in deren Gärten oder Nebengebäuden sie ihre Unterschlupfe wählten. Die in Ziergärten und an Straßenböschungen verbreiteten bodenbedeckenden Zwergsträucher bieten dem Iltis ein perfektes Netz von Wegen, auf denen er sich unsichtbar für menschliche Augen bewegen kann. Weil sich auch Grasfrösche und Erdkröten gerne unter solchen Bodenbedeckern aufhalten, sind Letztere auch als Jagdgebiet für Iltisse geeignet.

Im Frühling 1984 begleitete ich einmal mit Antenne und Empfänger meinen Iltisrüden «Dickkopf» durch ein Einfamilienhaus-Quartier in Reinach. Es war Nachmittag, und Dickkopf raschelte in einem Cotoneasterbestand herum, keine zehn Meter von mir entfernt. Ich stand derweil auf dem angrenzenden Gehweg und versuchte, einen Blick auf meinen

Iltis zu erhaschen. Dies war jedoch angesichts der praktisch geschlossenen Vegetationsdecke aussichtslos.

Plötzlich hüpfte ein Grasfrosch auf den Gehweg vor meine Füße und drückte sich auf den Asphalt. Unmittelbar darauf wurde für einen Augenblick der Kopf meines Iltisses sichtbar, doch verschwand er sogleich wieder. Ich kauerte mich ganz langsam auf den Boden und konnte nun zusehen, wie Dickkopf während etwa einer Minute immer wieder am Rand seiner Deckung auftauchte und verschwand. Er hatte es offensichtlich auf den Frosch abgesehen, traute sich aber nicht unter dem Gebüsch hervor. Der Frosch verharrte die ganze Zeit regungslos, wahrscheinlich wegen des ständigen Geraschels. Ich vermute, der Iltis konnte den regungslosen Frosch nicht orten, denn sonst hätte er ihn wohl mit einem Sprung aus der Deckung packen und sofort wieder im Gebüsch verschwinden können.

Es war nur eine Frage der Zeit, bis einer der Beteiligten die Nerven verlieren würde. Würde sich der Iltis einen Meter weit auf den Gehweg wagen und den Frosch schnappen? Oder würde der Frosch eine Bewegung riskieren, vielleicht einen großen Sprung ins Gebüsch oder auf die Straße? Am Ende war ich es selbst, der die Spannung nicht mehr ertrug. Ich packte den Frosch und warf ihn dem Iltis zu. Dieser zögerte nicht, schnappte seine Beute und verschwand unter der Cotoneasterdecke. Anschließend verzehrte er den Frosch mit lautem Schmatzen und anderen, weniger schönen Geräuschen.

Ich habe noch viele Male aus nächster Nähe froschjagende Iltisse telemetriert. Gesehen habe ich sie kaum je dabei, aber das igelartige Rascheln und Schnuppern verriet mir ihre Aktivität, wenn sie sich unter dem dichten Filz des Pflanzenkleides bewegten. Manchmal konnte man auch an den Bewegungen der Vegetation erkennen, wo sich der Iltis gerade aufhielt. Und wenn dann das Knacken von Knochen und das Schmatzen zu hören waren, wusste ich, dass die Jagd erfolgreich gewesen war. Nachgeholfen habe ich aber nur das eine Mal.

Ich glaube übrigens, dass das Sich-auf-den-Boden-Drücken eine relativ erfolgreiche Strategie für Frösche ist, um nicht die Beute eines Iltisses zu werden. Anders als etwa Mäuse finden Iltisse Frösche nicht, indem sie eine Geruchsspur verfolgen. Ein regungsloser Frosch bleibt also unentdeckt, solange der Iltis nicht praktisch mit der Schnauze auf ihn trifft. Ein weghüpfender Frosch dagegen lenkt durch Bewegung und Geräusch sofort die Aufmerksamkeit auf sich. Und aus Sicht des Iltisses ist ein entdeckter Frosch auch ein erbeuteter Frosch.

6

Familienleben

Fortpflanzung und Entwicklung

Steinmarder

Seit zwei oder drei Nächten werden die Bewohner des alten Hauses durch einen beunruhigenden Lärm aus dem Schlaf geschreckt, der aus der angrenzenden Scheune kommt: kratzende Geräusche, Schreie, das Fußtrippeln von Verfolgungsjagden. Spukt es im alten Gebäude? Ein Augenschein am Tatort hat uns des Rätsels Lösung schnell geliefert: Spuren im Staub, beschmutzte und zum Teil zerrissene Isoliermatten (Abb. 2), in einer Ecke angesammelte Kothäufchen (Abb. 3) zeugen von der Anwesenheit von Steinmardern. Es ist Juli, und die Überaktivität der «Untermieter» steht in einem direkten Zusammenhang mit der Ranzzeit. Die Paarungszeit dauert von Ende Juni bis Mitte August, mit Höhepunkt im Juli. Ein Weibchen ist aber jeweils nur während etwa zehn Tagen brünstig. In dieser Zeit wird es mehrmals gedeckt.

Das Weibchen sorgt für seine meist drei, ganz selten bis fünf Jungen (Abb. 1) allein und säugt sie mehr als zwei Monate lang. Die Augen der Jungen bleiben während 30 bis 32 Tagen geschlossen, was – beispielsweise im Vergleich mit einem Hundewelpen, dessen Augen sich in der zweiten Lebenswoche öffnen – sehr lange ist. Schon vor der Entwöhnung, nach etwa sechs Wochen, beginnt das Muttertier, für den Nachwuchs feste Nahrung anzuschleppen.

1

1 Übung macht den Meister: Junger Steinmarder versucht, sein Gleichgewicht auf einem Ast zu finden.

2 3

2 Verschmutztes und zerrissenes Isoliermaterial lässt auf die Anwesenheit von Steinmardern schließen.
3 Das sieht man von Steinmardern am ehesten, wenn sie sich als Untermieter eingenistet haben.

Vor einigen Jahren wurden einem der Autoren drei junge Steinmarder gebracht, deren Mutter vom Dachboden vertrieben worden war, wo sich das Nest befand. Es war der 10. April, sie konnten kaum mehr als zwölf Tage alt sein, sie wogen 120 Gramm. Er entschloss sich, sie zu behalten und die Aufzucht mit der Flasche zu versuchen. Mit einer Katzenflasche, mit Pulvermilch für Hunde und mit viel, viel Geduld gelang es, zwei der Jungtiere an die Flasche zu gewöhnen. Das dritte verweigerte jede Nahrungsaufnahme und starb nach einem oder zwei Tagen. Die zwei Überlebenden nahmen regelmäßig an Gewicht zu und brachten nach vierzig Tagen schon 450 Gramm auf die Waage. Leider ertrug das kleine Männchen die Umstellung von Milch auf feste Nahrung nicht. Das Weibchen hatte damit keine Probleme und setzte das Wachstum bis in den Sommer fort. Als es Ende Juli freigelassen wurde, hatte es mit 1050 Gramm fast das Adultgewicht (Ausgewachsenen-Gewicht) erreicht.

Im Alter von zwei Monaten war «Fouinarde» (das war ihr Name, nach dem französischen «fouine» = Steinmarder) sehr verspielt (Abb. 4). Eines ihrer Lieblingsspiele war, sich aus dem Hinterhalt eines Möbels oder Gebüschs auf die Schuhe jeder in erreichbarer Nähe vorbeikommenden Person zu stürzen, um dann mit Schwung so hoch wie möglich an den Kleidern hinaufzuklettern und sich festzukrallen. Das war doch ziemlich überraschend für Leute, die das nicht erwarteten! In Ermangelung von Brüdern und Schwestern versuchte das Jungtier auch, mit den zwei Hauskatzen anzubändeln, die aber, ohne aggressiv zu werden, den Aufdringlichkeiten doch lieber auswichen. Auch in der freien Natur spielen junge Steinmarder gerne, und ihre Raufereien und lauten Verfolgungsjagden in Scheunen und auf Dachböden läuten die – etwas anderen – Spiele der ausgewachsenen Marder ein.

Findelkinder, so wie die hier beschriebene «Fouinarde», treten recht häufig auf. Die oben angedeuteten Schwierigkeiten bei der Aufzucht sind aber groß und im Normalfall kaum zu bewältigen. Außerdem sind allfällige gesetzliche Bestimmungen einzuhalten. Die Überlebenschancen von später in die Selbstständigkeit entlassenen Steinmardern sind zudem vermindert. Von der privaten Aufzucht ist darum dringend abzuraten. Am besten vertraut man ein aufgefundenes Junges einer kompetenten Fachstelle an, welche vielleicht sogar einmal entscheidet, dass die Einschläferung des Tieres die bessere Lösung ist.

4 «Fouinarde» ist genauso neugierig wie ein junges Kätzchen.

4

Themenkasten

Verzögerte Implantation

Einige Musteliden paaren sich in den Monaten Juli und August. Bedeutet diese Paarungszeit im Hochsommer, dass die Jungen deshalb zu Beginn der harten Winterzeit geboren werden? Nein, das ist nicht der Fall: Die Weibchen werfen ihre Jungen im folgenden Frühjahr, zwischen März und Ende April. Die für ein Tier dieser Größe sehr lange Tragzeit kommt bei vielen Musteliden vor, so beim Baummarder, beim Hermelin, beim Dachs oder beim Vielfraß. Aber auch bei anderen Säugetieren ist dieses Phänomen zu beobachten, wie bei Bären, Seehunden oder Rehen, und es wird in der Wissenschaft mit dem Begriff der «verzögerten Implantation» beschrieben. Dabei entwickelt sich das befruchtete Ei zuerst normal und beginnt mit der Zellteilung. Anstatt sich nun aber rasch in der Gebärmutterschleimhaut einzunisten, wie das sonst die Regel ist, unterbricht es seine Entwicklung (Keimruhe) und bleibt mehrere Monate lang frei in der Gebärmutter liegen. Die aktive Entwicklung der Trächtigkeit – mit der Festsetzung des Keims in der Gebärmutterwand und seinem Weiterwachstum – geht erst am Anfang des neuen Jahres weiter, ein bis zwei Monate vor der Setzzeit (Gebärzeit).

Was ist der Vorteil dieser verzögerten Implantation? Zuerst einmal muss festgehalten werden, dass ein Wurf im Frühjahr den Tieren ermöglicht, ihr Wachstum in den Sommer zu legen und den Winter als Adulte, mit entsprechender Jagderfahrung, zu überstehen. Die heikle Phase der Loslösung von der Mutter, in der die Jungen sich ausbreiten und das Jagen selbst lernen müssen, liegt somit in der Zeit des größten Nahrungsangebots, das vor allem aus kleinen Nagetieren besteht. Diese Argumente sind überzeugend. Doch eine Brunstzeit in der zweiten Winterhälfte (Januar und Februar) mit einer direkten Embryonalentwicklung kann zum gleichen Resultat führen, wie dies beispielsweise beim Fuchs der Fall ist. Der Vorteil der Keimruhe könnte darin liegen, dass die energieaufwändige Ranzzeit der Männchen, mit Abwehr von Konkurrenten und Weibchensuche, in einer Phase mit reichem Nahrungsangebot stattfindet. Die Frage muss aber offenbleiben, umso mehr, als andere Musteliden in Europa (Iltis, Mauswiesel, Nerz) eine direkte Embryonalentwicklung durchmachen.

5
6

Baummarder

Fortpflanzung und Entwicklung der Jungen (Abb. 5) verlaufen beim Baummarder nicht anders als beim Steinmarder, nur dass die Nester meist im Wald liegen.

5 Verspielte Baummarderjunge.
6 Drei Iltisjunge auf einer ihrer ersten Exkursionen in die Umgebung des Nestes.

Iltis

Die Ranzzeit des Waldiltisses findet im Frühjahr statt. Die vier bis acht, manchmal zehn Jungen (Abb.6) kommen zwischen Ende Mai und Anfang August zur Welt, nach einer Tragzeit von 40 bis 42 Tagen. Damit fällt die Säugezeit in eine Periode mit großem Nahrungsangebot. Das könnte das rasche Wachstum der Jungen fördern, die dann gut vorbereitet in die karge Saison starten.

7 8

7 Junger Europäischer Nerz in vollem Lauf.
8 Hermelinmutter beim Verlegen ihrer noch haarlosen, nur einige Tage alten Jungtiere von einem Nest zum anderen. Sie ist wahrscheinlich gestört worden oder findet in der Nestumgebung zu wenig Nahrung.

Nerze

Im westlichen Europa beginnt die Ranz des Europäischen Nerzes Ende Februar. Die Trächtigkeit dauert 43 Tage, die Wurfgröße beträgt zwischen vier und sieben Jungen (Abb.7). Beim Mink sind es vier bis sechs, in Ausnahmefällen können aber bis zu zwölf Jungen geworfen werden.

Hermelin

Die Fortpflanzungszeit des Hermelins beginnt etwa Mitte April und dauert bis Juli: Beobachtungen in Gefangenschaft und Untersuchungen von aus dem Freiland stammenden Jungtieren haben das Phänomen bestätigt, dass die Männchen auch sehr junge Weibchen im Nest befruchten, die zu diesem Zeitpunkt noch nicht entwöhnt, aber sexuell reif sind.

Die Implantation des Embryos ist in jedem Fall verzögert und die Jungen kommen im April oder Mai des folgenden Jahres zur Welt. An einem 1. Juni ging uns ein Weibchen in die Falle, das ein männliches Jungtier transportierte (Verlegung von Jungtieren siehe Abb. 8). Das Kleine hatte noch geschlossene Augen, es wog 74 Gramm. Es dürfte zwischen 33 und 36 Tage alt gewesen sein, was einer Geburt Ende April entspricht. Die Trächtigkeitsdauer ist beim Hermelin damit ebenso lang respektive sogar etwas länger als beim Marder. Das ist nur mit der Keimruhe zu erklären.

9

9 Diese 18 Tage alten Mauswieseljungen wurden in Gefangenschaft geboren. Das Millimeterpapier zeigt ihre Größe (oder wohl eher Kleinheit).

Mauswiesel

Die Mauswiesel kennen keine so klar begrenzte Zeit für das Fortpflanzungsgeschäft wie die anderen Mustelidenarten. Die Entwicklungszeit ist sehr kurz (35 bis 36 Tage), und Geburten werden während der ganzen günstigen Jahreszeit beobachtet, also vom ausgehenden Winter bis in den Herbst, in Südeuropa offenbar sogar im Winter. Wenn das Nahrungsangebot groß ist, zum Beispiel bei Wühlmausplagen, können zwei Würfe pro Jahr mit je vier bis sechs Jungen (Abb. 9) vorkommen.

Entwöhnung und Geschlechtsreife

Nach der Entwöhnung bleiben junge Musteliden noch eine Weile mit ihrer Mutter zusammen. Im Sommer können manchmal ganze Hermelinfamilien beim gemeinsamen Spielen und Jagen gesehen werden (Abb. 10). So sind wohl auch die Geschichten von «in Banden jagenden Hermelinen, die sich auf größere Beute als ihre eigene Körpergröße stürzen» entstanden. Mit der Kälte und dem beginnenden Winter zerstreut sich die ganze Gesellschaft und das einsame Erwachsenenleben beginnt. Manche Tiere überstehen die harte Jahreszeit mit ihrem kärglichen und schwerer zugänglichen Nahrungsangebot nicht.

10

10 Junge Hermeline, begleitet von ihrer Mutter, entdecken ihre Umwelt.

Beide Marderarten sind erst nach eineinhalb Jahren geschlechtsreif (Männchen manchmal auch erst nach zweieinhalb Jahren). Ein Spezialfall sind Hermeline: Die Männchen sind nach einem Jahr geschlechtsreif, die Weibchen viel früher, sie können schon im Alter von drei Wochen befruchtet werden. Der Iltis erreicht das Reproduktionsalter nach neun Monaten. Beim Mauswiesel können sich im Frühjahr geborene Weibchen vermutlich noch im gleichen Jahr fortpflanzen, während Junge, die im Juli oder in späteren Monaten geboren wurden, erst im Folgejahr geschlechtlich aktiv werden.

7

Jagen, stöbern, sammeln

Nahrungsspektrum und Jagdstrategien

Es existieren nicht sehr viele Methoden, um etwas über die Ernährung von Wildtieren zu erfahren. Am geläufigsten sind die direkte Beobachtung in freier Natur, meist mithilfe eines Feldstechers, oder Futterwahlversuche bei Gefangenschaftstieren, oder aber, häufiger, Nahrungsanalysen anhand des Kots (Abb. 1) oder des Mageninhaltes von toten Tieren.

1

1 Kotproben einiger kleiner Karnivoren im Vergleich: links, von oben nach unten: Wildkatze (1 × weiß und 1 × schwarz), 2 × Waschbär; rechts, von oben nach unten: Fischotter, Baummarder, Steinmarder, Waldiltis, Hermelin und Mauswiesel.

2

3

4

2 Frischer Steinmarderkot riecht unangenehm.
3 Frischer Baummarderkot riecht eher fruchtig. Man findet ihn häufig auf einem Strunk, am Fuß des Nestbaumes, manchmal auch auf einem Ast.
4 Das Hermelin setzt seine kleinen, spiralig gedrehten Kotwürstchen oft vor isoliert stehenden Scheunen oder Ställen ab.

Verdauung und Kotanalyse

Wer sich in der Natur aufhält, bemerkt nicht selten auf Feldern oder im Wald den Kot des einen oder anderen Musteliden, oft auf einem Weg abgesetzt oder gut sichtbar auf einem Stein, einem Baumstrunk, einem liegenden Baumstamm oder einer anderen erhöhten Stelle. Länge und Durchmesser, aber auch das meist zylindrische und etwas gedrehte Aussehen, der Ort der Hinterlassenschaft (Abb. 2, 3, 4) und manchmal sogar ihr Geruch lassen auf den Urheber schließen.

Der Kot von Mauswiesel und Hermelin (Abb. 4) ist klein, drei Zentimeter lang und drei Millimeter dick respektive fünf Zentimeter lang und fünf Millimeter dick. Dagegen misst Marderdreck sieben bis zehn Zentimeter in der Länge und ist 1,2 Zentimeter dick. Iltiskot (Abb. 5) gleicht in der Form einem Marderdreck, ist aber deutlich weniger dick; er hat oft einen charakteristischen Geruch nach übelriechendem Fleisch und ist häufig weich. Nur die Hinterlassenschaft der Nerze (Abb. 6) enthält regelmäßig Fischschuppen, entsprechend ihrer starken Bindung ans Wasser und dem hohen Fischanteil ihrer Nahrung.

Bei Raubtieren bleibt die Nahrung nur kurz im Magen-Darm-Trakt, in der Größenordnung von einigen Stunden. Sie koten deshalb mehrere Male in 24 Stunden (bis zu 15 Mal beim Mauswiesel), wobei die Tiere auch gleich Markierungen im Lebensraum anbringen: Die Kothäufchen werden gerne an exponierten Stellen abgesetzt.

Raubtierkot enthält Haare, Zähne, Knochensplitter und Federn, aber auch Fruchtkerne, Pflanzenfasern und Insektenreste. Gestützt auf diese

5 6

Reste rekonstruieren Biologinnen und Biologen das Nahrungsspektrum. So lässt zum Beispiel die mikroskopische Untersuchung von Querschnitt, Markzellen oder Oberflächenstruktur von Haaren (Abb. 8a und b) Rückschlüsse auf die Beute zu, manchmal bis hin zur Art. Dabei sind allerdings die akribischen Fähigkeiten eines Detektivs gefragt!

Definitionsgemäß besteht die Grundnahrung der Raubtiere aus Fleisch. In der gelebten Realität darf diese Regel aber nicht allzu eng gesehen werden: Der eindrücklich große Grizzlybär Alaskas ernährt sich im Herbst fast ausschließlich von kleinen Beeren. Ähnliches gilt auch für die kleinen Musteliden: Sie fressen zwar viele Säugetiere (vorwiegend Mäuse), Vögel oder Amphibien, je nach Artzugehörigkeit aber auch eine kleinere oder größere Menge von Fischen, Wirbellosen oder pflanzlicher Nahrung. Sie verschmähen auch Aas nicht unbedingt. (Siehe auch den Themenkasten «Blick auf die Menükarte», S. 112 ff.)

5 Kotwürstchen des Iltisses: gedreht und mit Säugetierhaaren (oben); zylindrisch, mit Resten der leichten, hohlen Froschlurchknochen (unten).

6 Der Kot des Europäischen Nerzes ist ähnlich groß wie derjenige des Iltisses. Er enthält aber oft Fischschuppen. Bei hohem Anteil an Fischen und Amphibien wird der Kot weich und flüssig.

Nahrungsspektrum von Baum- und Steinmarder

Baum- und Steinmarder gelten als Generalisten, so sehr variiert ihre Ernährung. Sie reicht nicht nur vom einfachen Regenwurm bis zum «ergiebigeren» jungen Hasen, sondern ist darüber hinaus so vielfältig und angebotsabhängig, dass durchaus von Allesfressern gesprochen werden darf. Ihre Speisekarte ist zu lang, um im Detail vorgestellt zu werden. Um nur ein paar Beispiele zu nennen: Säugetiere (Nager, Insektenfresser), wild wachsende und kultivierte Früchte (Beeren der Eberesche, Hagebutten, Äpfel, Kirschen), Insekten (Laufkäfer, Wespen, Bienen), Vögel und ihre Eier (Sperlinge, Tauben, Hühner).

7 Für den Nahrungserwerb müssen sich die Kleinkarnivoren (hier ein Steinmarder) viel bewegen.

Beim Baummarder überwiegt eindeutig Beute aus dem Wald, wie Rötelmaus, Wald- und Gelbhalsmaus, Drossel und Zaunkönig oder größere Vögel wie Eichelhäher und Eulen, auch die sehr flinken Eichhörnchen, die er allerdings außerhalb ihres Nestes nur mit Mühe erbeutet. Bei Untersuchungen im Jura und im Burgund machte der Anteil von Eichhörnchen an der gesamten Nahrung unter zwei Prozent aus. In anderen Regionen ist er höher.

Trotz der verwandtschaftlichen Nähe zum Baummarder enthält das Menü des Steinmarders mehr Nahrungselemente, die seine nähere Bindung an menschliche Siedlungen und Aktivitäten verrät: Hausmäuse, Ratten, Obst aus Kulturen, Hühnereier und Küchenabfälle. Der Steinmarder und vor allem der Baummarder gehören zu den seltenen Tierarten, die Spitzmäuse fressen, deren Fleisch offenbar für andere einen unangenehmen Geruch hat.

8a

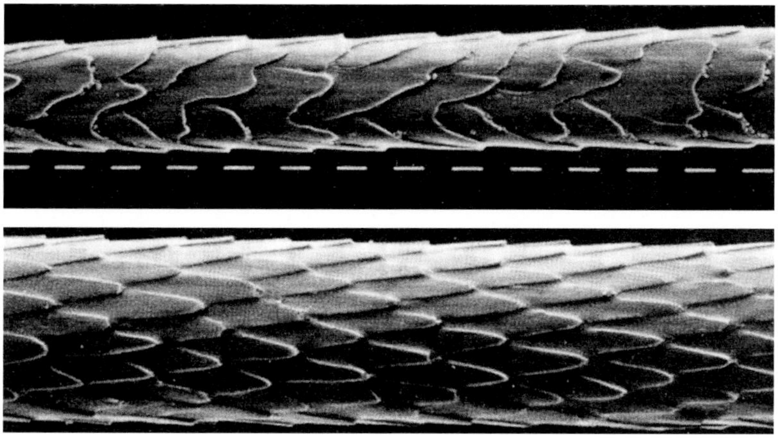

8b

8 Oft ist es möglich, anhand der Oberfläche (Cuticula) von Säugetierhaaren auf die Art zu schließen: Die unregelmäßig gerandeten Schuppen sind typisch für Wühlmäuse (a), die lanzettförmig spitzen Schuppen deuten auf Marderartige, Unterfamilie *Mustelinae* (b).

Nahrungsspektrum des Iltisses

Etwas andere Ernährungsgewohnheiten hat der Iltis. Er unterscheidet sich von den Mardern und Wieseln durch seine Vorliebe für Amphibien (Frösche und Kröten). Der Iltis tötet und transportiert Froschlurche meist mit einem Kopf- oder Nackenbiss. Mit Fressen beginnt er aber am liebsten bei den Hinterbeinen. Die vordere Körperhälfte verschmäht er oft und meidet so die besonders giftigen Hinterohrdrüsen (Parotiddrüsen) der Kröten. Die Bufogenine der Erdkröte gehören mit zu den stärksten bekannten Giften.

Der Iltis findet seine Nahrung in der Nähe von offenen Wasserflächen oder Sümpfen, aber auch in der lockeren Waldstreu, die er manchmal im Winter auch unter einer meterhohen Schneeschicht noch aufgräbt, um etwa an eine überwinternde Kröte oder einen Grasfrosch zu kommen. Das Iltismännchen auf Seite 53 (Abb. 13) fand, bei Temperaturen von minus zehn Grad Celsius, am sumpfigen und schneebedeckten Ufer eines gefrorenen Teiches Grasfrösche, die sich dort eingegraben hatten. Innerhalb von 15 Minuten holte es sich drei Frösche und transportierte sie zu seinem nahe gelegenen Bau.

Nagetiere sind der andere wesentliche Anteil der Iltisnahrung. Wie der Steinmarder stöbert der Iltis deshalb gerne in Scheunen herum, aber auch auf Abfallhalden, wo er Waldmäuse, Ratten und Hausmäuse fängt.

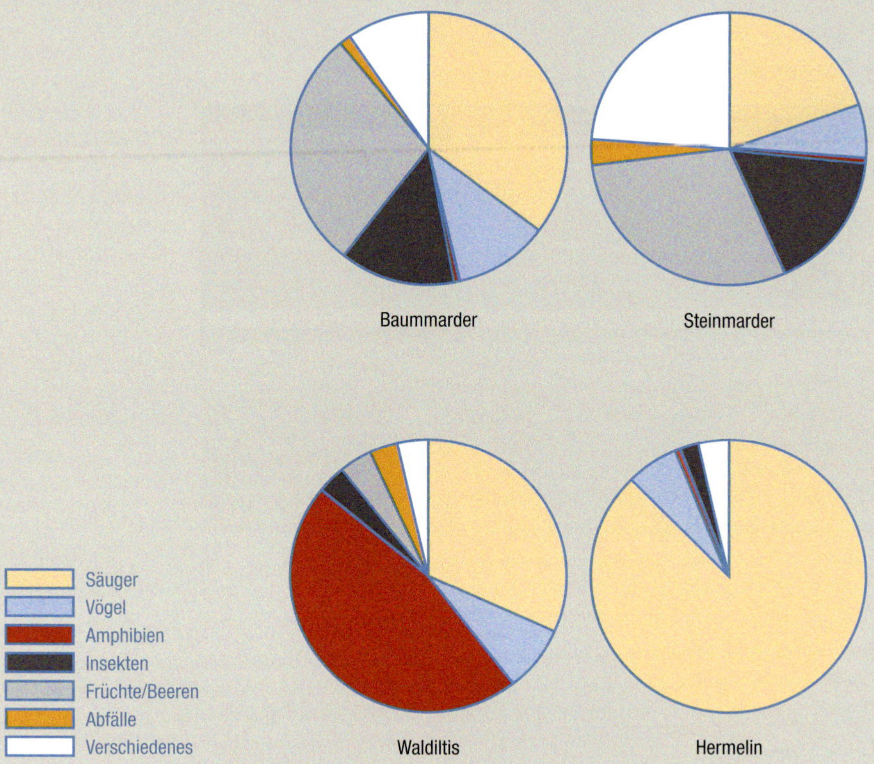

9 Die Nahrungsdiagramme der Musteliden einer Region (hier im Schweizer Jura) zeigen deutlich den Unterschied zwischen «Generalisten» (Stein- und Baummarder) resp. «Spezialisten» (Wiesel, hier das Hermelin). Der Iltis liegt dazwischen.

Nahrungsspektrum der Nerze

Zwar ebenfalls auf Wasserlebensräume ausgerichtet, doch weniger wählerisch und viel opportunistischer sind die beiden Nerzarten. Je nach Angebot besteht die Nahrung vor allem aus Amphibien (Fröschen und anderen), Fischen (Groppen, Gründlingen, Grundeln, Aalen und anderen), am Wasser lebenden Nagetieren (Schermäusen, Ratten und andere), Sumpf bewohnenden Vögeln (Stockenten, Teichhühnern und anderen) und dem Inhalt von Vogelnestern. Die Beute des Minks ist im Allgemeinen etwas größer und noch stärker ans Wasser gebunden als diejenige des Europäischen Nerzes.

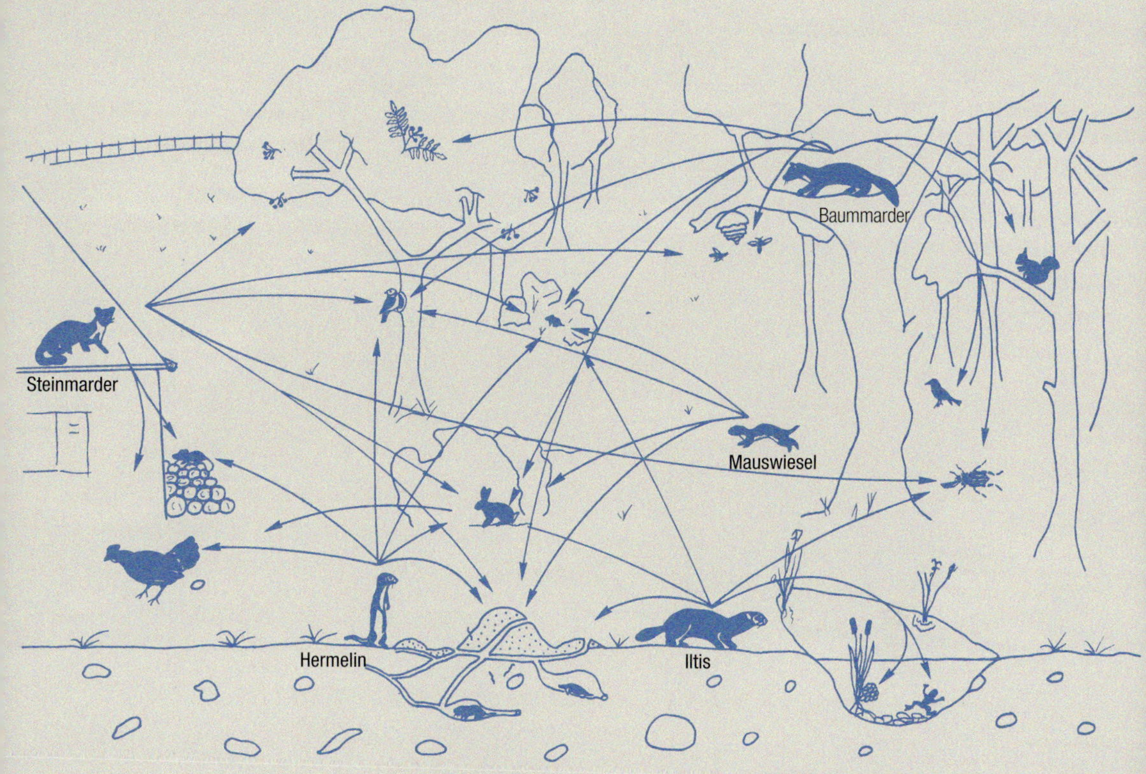

10

Einflüsse auf die Nahrungszusammensetzung

Generell wird die Nahrungszusammensetzung von Musteliden (in Abb. 9 grafisch dargestellt für Baum- und Steinmarder, Iltis und Hermelin) von verschiedenen ökologischen Faktoren sehr stark beeinflusst. Die saisonalen Schwankungen in der Beutedichte sind ein wesentlicher Faktor. So fehlen Insekten im Winter und bei Frühlingsanfang fast vollständig. Eier werden vor allem von Mai bis August, in der Zeit der Vogelbrut, erbeutet. Früchte sind eine Sommer- und Herbstnahrung. Im Sommer ist das Nahrungsangebot variabel und reichlich, während der Winter eine karge Zeit ist, in welcher auch Hunger droht. Um drohendem Hunger zu entgehen, suchen die kleinen Musteliden (mit Ausnahme des Baummarders) unter anderem Unterschlupf in menschlichen Siedlungen, wo das Nahrungsangebot größer ist (Mäuse, Nahrungsreste).

10 Nahrungswahl und Bezug zum Habitat bei Musteliden. Es gibt Beutearten, die von allen hier gezeigten Musteliden genutzt werden, während anderen von einer einzigen Mustelidenart nachgestellt wird (z.B. den Amphibien vom Iltis).

11

11 Das Hermelin transportiert eine erbeutete Schermaus. Die Marderartigen können auch verhältnismäßig große Beutetiere über beträchtliche Distanzen transportieren.

Die verschiedenen Milieus, in denen ein Tier sich aufhält, bringen auch eine regional unterschiedliche Nahrungswahl mit sich (Abb. 10). So überwiegen in stark bewaldeten Gebieten Wald bewohnende Beutetiere, während im Offenland Arten von Wiesen und landwirtschaftlichen Kulturen überwiegen. Das reichste Nahrungsangebot bieten deshalb Mischhabitate mit Wäldern, Wiesen, Kulturland, Gehölzen, Feuchtgebieten – die Bauernhöfe und auch Abfallhalden nicht zu vergessen, die gute Futterquellen sind.

Nicht weniger wichtig sind schließlich die Beutetierdichte und die entsprechend verfügbare Nahrungsmenge. Sie beeinflusst die Zahl der möglichen Prädatoren (Räuber), aber auch ihr Beuteverhalten: Wo eine bevorzugte Nahrung reichlich vorkommt, fressen Musteliden nicht nur mehr, sie legen auch Nahrungsreserven an, in Form von Depots mit erlegten Nagetieren oder Amphibien. Wenn der Beutemacher nicht gestört wird, kommt er in den nächsten Tagen wieder vorbei, um seine Speisekammer zu nutzen. Längerfristig und zeitlich etwas nach hinten verschoben, erhöht Nahrungsüberfluss auch die Vermehrungsrate der Kleinraubtiere und senkt die Mortalität durch Nahrungsengpässe.

12

12 Wo der Schädel hindurchpasst, bleibt der schmale Körper nicht mehr stecken: Die Schädel des Hermelins (A) und des kleineren Mauswiesels (B) sind nicht oder kaum breiter als derjenige der Schermaus (C). So ist es den Räubern möglich, die Wühlmaus in ihren Gängen zu verfolgen.

Nahrungsspektrum von Mauswiesel und Hermelin

Diese Faktoren fallen besonders bei Mauswieseln und Hermelinen ins Gewicht, die als extreme Nahrungsspezialisten entsprechend stark auf die verschiedenen Wühlmausarten ausgerichtet sind (Abb. 11): Schermaus, Feldmaus, Erdmaus und Rötelmaus. In gewissen Alpentälern sind die kleinen Musteliden vermutlich wegen des Fehlens oder der Seltenheit von Wühlmäusen nur in geringer Dichte vorhanden. Dank ihrer geringen Größe und schlanken Körperform (Abb. 12) können die Wiesel (beim Hermelin wenigstens das kleinere Weibchen) die Nagetiere auch in ihre Wohngänge und Erdlöcher hinein verfolgen. In der Regel schwankt die Populationsdichte dieser zwei Musteliden sehr ausgeprägt und folgt dabei den Dichteschwankungen ihrer Hauptbeute, aber sie hinkt ein Jahr hinterher. So ist beispielsweise im schweizerischen Jura das Hermelin während der Vermehrungsspitzen der Schermäuse deutlich häufiger; diese treten etwa alle fünf bis sieben Jahre auf und sind für die Landwirtschaft problematisch.

Das gleiche Phänomen ist übrigens in arktischen Gegenden zu beobachten, wo das Artenspektrum an Kleinsäugern, die als Beute in Frage kommen, nur sehr schmal ist. Im nördlichsten Teil Grönlands schwankt die

13 Auf ihren Streifzügen lassen sich Hermeline durch ungewohnte, auffällige Landschaftsmarken anziehen.
14 Erregt durch das Vorhandensein einer Wühlmaus unter dem Schnee, hat das Hermelin schließlich das Mauseloch gefunden.

Hermelindichte parallel zum vierjährigen Dichtezyklus des Halbsbandlemmings, der dort fast ihre einzige Nahrungsgrundlage bildet. Das Hermelin jagt ihn im Winter unter dem Schnee und verfolgt ihn im Sommer in seine Erdgänge hinein. Die in Zeiten der Lemmingübervermehrung angehäuften Nahrungsdepots werden unter Steinen angelegt, wo sie für den Eisfuchs unzugänglich sind, und enthalten manchmal bis zu 150 Lemminge. Sie können für diesen Musteliden im Winter überlebenswichtig sein.

Werden die Wühlmäuse knapp, weichen die Wiesel nach Möglichkeit auf andere Beute aus, auch wenn diese schwerer zu erbeuten ist, wie Waldmäuse oder kleinere Vögel. Gemäß englischen Untersuchungen werden unter bestimmten Umständen fast zwanzig Prozent der Meisengelege in Nistkästen durch das Mauswiesel zerstört. Es kann je nach Situation auch vorkommen, dass Hermeline und Mauswiesel Tiere töten, die bedeutend größer sind als sie selbst, etwa ein kleines Wildkaninchen.

Ein Mauswiesel nimmt zwischen zwanzig und vierzig Gramm Nahrung pro Tag auf, das entspricht einer oder zwei kleineren Wühlmäusen. Andererseits verzehrt ein Steinmarder zwischen 180 und 200 Gramm Futter pro Tag, manchmal bis zu 400 Gramm, was etwa zehn Wühlmäusen entspricht. Im Magen eines Baummarders haben wir einmal über 130 Gramm Mehlbeeren *(Sorbus aria)* gefunden.

Jagdstrategien

Anders als Katzen lauern die Marderartigen ihrer Beute nicht auf. Sie stören sie auf ihren Streifzügen aufs Geratewohl aus ihren Verstecken auf. Äußerst neugierig wird systematisch jeder Hohlraum durchstöbert (Erdlöcher, Felsspalten), jeder Asthaufen, jedes Nest oder sonstige mögliche Unterschlupf von Beutetieren. Schneespuren zeugen aber auch von der Anziehungskraft von Objekten, die in der Landschaft irgendwie auffallen, beispielsweise ein Markierungspfahl (Abb. 13).

Steinmarder, Baummarder und Iltis graben oft im Boden oder im Schnee. Damit kommen sie an Wirbellose oder Froschlurche heran, aber auch an Wühlmäuse, die manchmal Nester oder Laufgänge direkt unter der Schneedecke auf der Bodenoberfläche anlegen. Maulwürfe und Wühlmäuse werden zuweilen am Mauseloch abgefangen, das ins Freie führt (Abb. 14). Viele Beutetiere, seien es Säuger oder Insekten, werden einfach auf der Bodenoberfläche gesucht, verfolgt und gefangen (Abb. 15).

13

14

Der mehr baumbewohnende Baummarder greift sich, wenn er hier jagt, Eichhörnchen, Siebenschläfer oder vielleicht mal eine Haselmaus sowie Vögel gerne nachts und holt sie aus ihren Nestern oder Lagern. Ähnlich macht es der Steinmarder in Gebäuden. Beide Marder pflücken außerdem Früchte von Bäumen und Büschen oder sammeln jene auf, die darunter am Boden liegen.

Gesichts-, Gehör- und Geruchssinn sind gut entwickelt. Man kann einem Iltis, der auf der Jagd vor allem den Geruchssinn einsetzt, einzig anhand des Geräusches folgen, das er beim Schnüffeln in der Bodenstreu verursacht. Wir haben beobachtet, dass der Baummarder ein verdächtiges Geräusch über mehr als einen Kilometer Entfernung wahrnehmen kann. Die kleinen Musteliden richten sich manchmal auf die Hinterbeine auf, um ihre Umgebung besser absuchen zu können, um an eine Frucht heranzukommen oder um nach einem potenziellen Feind Ausschau zu halten (Abb. 16).

Wirbeltiere werden für gewöhnlich mit einem Biss in den Nacken oder den Hinterkopf getötet, wobei die Wirbelsäule oder die Schädelkapsel beschädigt werden. Hingegen sind Musteliden sicher keine «Vampire», die das Blut ihrer Opfer saugen, wie es ein Volksglaube bisweilen noch heute suggeriert.

Die Beute wird gelegentlich über Dutzende oder auch mal Hunderte von Metern wegtransportiert, um sie an einem ruhigen Ort verspeisen zu können oder um hungrige Jungtiere zu füttern (Abb. 11).

Um seinen beträchtlichen Stoffwechselbedarf zu decken und den großen Energieverlust auf der Jagd zu kompensieren, ist ein Raubtier darauf angewiesen, jede Gelegenheit, die sich ihm zum Nahrungserwerb bietet, auch zu nutzen. Was sich bewegt, muss deshalb möglichst erlegt werden, denn die Bewegung der Beutetiere ist ein sehr wichtiger Faktor, um sie überhaupt wahrzunehmen. Dennoch sind es keine blutrünstigen Tiere, die große Mengen von kleineren Tieren töten. Ein Raubtier muss vielmehr beträchtliche Zeit aufwenden, um seine meist weit zerstreuten Beutetiere überhaupt aufzuspüren, und wenn es so weit ist, haben diese immer noch die Chance, ihm zu entkommen (Abb. 17a, b). So erinnern wir uns an einen Dokumentarfilm über den wunderschönen spanischen Pardelluchs, in dem gezeigt wird, wie neun von zehn Attacken auf ein Wildkaninchen fehlschlagen. Die Beutetiere verfügen denn auch über ein ganzes Sortiment von Überlebensstrategien: Die Waldmaus macht Sprünge und plötzliche

15 In den Schnee geschriebene Jagdszene: Eine Waldmaus wurde von einem Baummarder verfolgt.

15

16 Auch Marder machen manchmal Männchen, um die Umgebung abzusuchen: im Bild ein Baummarder.

16

17a

17b

Wendungen, die Rötelmaus erstarrt und tarnt sich zwischen am Boden liegenden Blättern, das Meisenpaar stürzt sich in heftigen Attacken auf einen Eindringling, um das Nest zu beschützen, die Schermaus verstopft den Eingang ihres Baus mit einem Erdpfropfen, um dem Mauswiesel das Eindringen zu verwehren.

Diese Erkenntnisse erklären zumindest teilweise die Gemetzel, die durch Steinmarder oder Iltisse in Hühnerhöfen angerichtet werden können, wo sie wie die Menschen im Supermarkt zum Überkonsum verführt werden. Die Bewegungen all dieser Hühner, leicht zu erbeuten und ohne Möglichkeit zu entkommen, lösen im Raubtier das Jagdverhalten aus, das erst aufhört, wenn keine Bewegungsreize mehr vorhanden sind. Da nicht sämtliches Federvieh sofort gefressen oder weggetragen werden kann, wird der Räuber sich auch in den folgenden Nächten daran gütlich tun, wenn ihm die Möglichkeit dazu geboten wird.

17a Dem ersten Sprung des Baummarders, der sie in einem morschen Strunk aufgespürt hatte, konnte die Waldmaus noch entwischen.
17b Schnell wurde sie aber endgültig erbeutet.

Themenkasten

Blick auf die Menükarte

Schermaus
(Arvicola terrestris)

Die Schermaus ist ein unterirdisch lebender Nager und bestens an eine grabende Lebensweise angepasst: Ein zylindrischer Körper, die Ohren ragen nicht über das Fell hinaus, der Schwanz ist kurz, die starken Schneidezähne sind nach vorn gerichtet (und werden beim Graben eingesetzt), die Augen sind klein und von keinen abstehenden Haaren umgeben. Die Augen der Schermaus sind aber größer als die des Maulwurfs, ein Hinweis darauf, dass sie auch auf der Bodenoberfläche bei der Kräutersuche und Fortbewegung eingesetzt werden. Zusammen mit dem Maulwurf ist die Schermaus für die gut sichtbaren und für die Landwirtschaft lästigen Erdhaufen auf Wiesen und Weiden verantwortlich.

Die Schermaus bildet bis auf etwa 2000 Meter ü. M. die Hauptnahrung des Hermelins. Auch das Mauswiesel stellt ihr in ihren unterirdischen Wohngängen nach. Das können größere Raubtiere wie Marder oder Iltis nicht, sie müssen die Mäuse erbeuten, wenn diese an die Oberfläche kommen, um Erde aus den Mäusegängen zu stoßen oder um zu fressen. Schermauspopulationen machen in manchen Gegenden unregelmäßige, starke Dichteschwankungen durch (in meist 5- bis 8-jährigen Perioden). Das wiederum hat großen Einfluss auf die Vermehrung der kleinen Musteliden: Ihre Bestände schwanken mit, aber im Vergleich mit ihren Beutetieren hinken sie ein Jahr hinterher.

Schneemaus
(Chionomys nivalis)

Die Schneemaus, lebt vor allem in alpinen Geröllfeldern und Zwergstrauchheiden. Über 2000 Meter ü. M. löst sie die Schermaus als Hauptnahrung des Hermelins ab.

Feldmaus
(Microtus arvalis)

Erdmaus
(Microtus agrestis)

Diese beiden Wühlmausarten ähneln sich im Aussehen, die Erdmaus hat ein etwas graueres Fell und behaarte Ohrmuscheln. Beide Arten sind von der Ebene bis ins alpine Gebiet häufig und bilden die Hauptnahrung des Mauswiesels. Auch Hermelin und Steinmarder schätzen sie als Beute und jagen sie in offenem Gebiet.

Rötelmaus
(Clethrionomys glareolus)

Waldmaus
(Apodemus)

Die Rötelmaus und Waldmäuse sind stark an den Wald gebundene Kleinnager. Darum sind sie die Hauptnahrung für den Baummarder, der vor allem im Wald jagt. Die anderen Musteliden erbeuten sie am Waldrand oder in der Nähe von landwirtschaftlichen Gebäuden.

Eichhörnchen
(Sciurus vulgaris)

Feldhase
(Lepus europaeus)

Eichhörnchen und Hasen sind flink und schwer zu erbeuten. Außer wenn ihre Bestände sehr hoch sind, bilden sie höchstens eine zufällige Beute von Musteliden. Die beiden Marderarten räumen gelegentlich Eichhörnchennester mit Jungtieren aus.

Wildkaninchen *(Oryctolagus cuniculus)*

Ratte *(Rattus rattus)*

Bei starker Vermehrung können Wildkaninchen *(Oryctolagus cuniculus)* oder Ratten *(Rattus)* für den Iltis von Interesse sein, der sie bis in die Wohnröhren hinein verfolgt. Für die anderen Musteliden bleiben sie meist eher Zufallsbeute, und es dürften vor allem kranke Individuen oder Jungtiere sein, die erbeutet werden.

Hausspitzmaus *(Crocidura russula)*

Der Steinmarder und vor allem der Baummarder gehören zu den seltenen Tierarten, die Spitzmäuse fressen. Offenbar riecht das Fleisch von Spitzmäusen für andere Tierarten unangenehm.

Amsel *(Turdus merula)*

Reste einer erbeuteten Waldohreule *(Asio otus)*

Amseln und Drosseln *(Turdidae)* sind neben Meisen *(Paridae)* die am häufigsten von Musteliden erbeuteten Vögel. Baummarder, Steinmarder oder Mauswiesel verfolgen sie bis in ihre Nester hinein und zerstören manchmal das ganze Gelege. In bestimmten landwirtschaftlich geprägten Regionen (zum Beispiel in England) scheint Prädation durch das Hermelin einen nicht zu unterschätzenden Einfluss auf den Bestand gewisser Bodenbrüter zu haben, wie Rebhuhn, Fasan oder Brachvogel. (Die eingeführten Musteliden in Neuseeland gelten dort deshalb sogar als äußerst schädlich.)

Der gut an die Jagd auf Bäumen angepasste Baummarder zögert auch nicht, Greifvögel und Eulen zu jagen. Das Waldohreulenmännchen, dessen Reste abgebildet sind, wurde, während es in einem Baumwipfel sang, von einem Marderweibchen erbeutet. Beide Marderarten dringen auch in die Nester und Verstecke dieser Vögel ein (zum Beispiel Spechthöhlen, Felsspalten).

Iltis im Hühnerhof

Steinmarder mit Ei

Von einem Steinmarder aufgebrochene Wachteleier

Auch ungeschützte Nistkästen und Hühnerhöfe sind vor Iltis und Marder nicht sicher. Ein mindestens vier Zentimeter großes Loch – was der Breite ihres Kopfes entspricht – reicht als Zugang. Ein kräftiges, geschweißtes Drahtgeflecht und nachts sorgfältig verschlossene Türen und Klappen genügen in der Regel, um sie fernzuhalten.
In freier Natur gehören Vogeleier ebenfalls zum Nahrungsspektrum der Marder.

Im Frühjahr macht der Iltis Jagd auf Amphibien (Kröten und Frösche), wenn sie zur Eiablage in ihre Laichgewässer ziehen. Dieser Grasfrosch lag neben einem Amphibienzaun und wies Bisse auf. Der Iltis war fast sicher der Täter. Wenn der Überfluss groß ist, wird die Beute in ein Nahrungsversteck gebracht.

Grasfrosch mit Bissspuren

Wildrose *(Rosa spec.)*

Mehlbeere *(Sorbus aria)*

Vogelbeere *(Sorbus aucuparia)*

Die wichtigsten von Stein- und Baummarder im Herbst und Anfang Winter gefressenen Wildfrüchte sind diejenigen von Rose, Mehlbeerbaum und Vogelbeerbaum. Die Früchte werden entweder direkt vom Baum gepflückt oder darunter am Boden gesucht. Im Sommer werden auch Erdbeeren, Himbeeren und Heidelbeeren geschätzt.

Von einem Baummarder angefressener Apfel neben Marderkot

Stein- und Baummarder durchstreifen auch Ostgärten auf der Suche nach Kirschen, Pflaumen und Äpfeln. Etwas seltener stibitzen sie ein paar Trauben. Der Apfel auf dem Bild wurde von einem Baummarderweibchen angefressen, im Garten einer waldnahen Villa. Im Kotwürstchen, das daneben abgesetzt worden war, fanden sich Fruchthautreste und unverdaute Kerne.

Gemeine Wespe *(Vespula vulgaris)*

Laufkäfer *(Carabus auratus)*

Genau wie der Dachs graben Baum- und Steinmarder im Boden nach Wespennestern, verspeisen einen Laufkäfer, der ihren Weg kreuzt, und fressen Regenwürmer, die sie unterwegs finden. Manchmal gelingt es ihnen auch, in ein Bienenhaus oder ein Baumloch mit einem Bienenvolk einzudringen, um sich am Honig und an der Bienenbrut gütlich zu tun.

Steinmarder mit einem Fleischstück

Gerne holt sich der Steinmarder Nahrungsreste vom Kompost in den Siedlungen oder vom Misthaufen im Landwirtschaftsgebiet, der Iltis durchsucht offene Deponien. Der Anteil dieser Nahrungsquellen ist nicht zu unterschätzen.

8

Gehupft wie gesprungen

Auf der Spur der Musteliden

Und wenn wir mehr über die Lebensgewohnheiten von Musteliden erfahren wollen? Mindestens in den Alpen oder im Jura gilt: Am besten beschaffen wir uns eine Skiausrüstung, eine dicke Wintermütze, Notizblock und Bleistift sowie ein kleines Messband und machen uns an einem verschneiten Wintermorgen früh auf, um nach frischen Spuren der Nachttiere zu suchen (vgl. die Kapitelaufschlagseite mit einer Iltisspur). Wie ein offenes Buch, das uns viel über die Gewohnheiten der kleinen Raubtiere erzählt, führt uns der Weg – über viele Umwege und Schlaufen, über Hindernisse hinweg und um sie herum – durch ihr Jagdgebiet und, mit ein wenig Glück, zu ihrem Tagesversteck.

1 Ein Baummarder mit schmutzigen Pfoten hat hier ein Hindernis im «Mardersprung» überwunden.

1

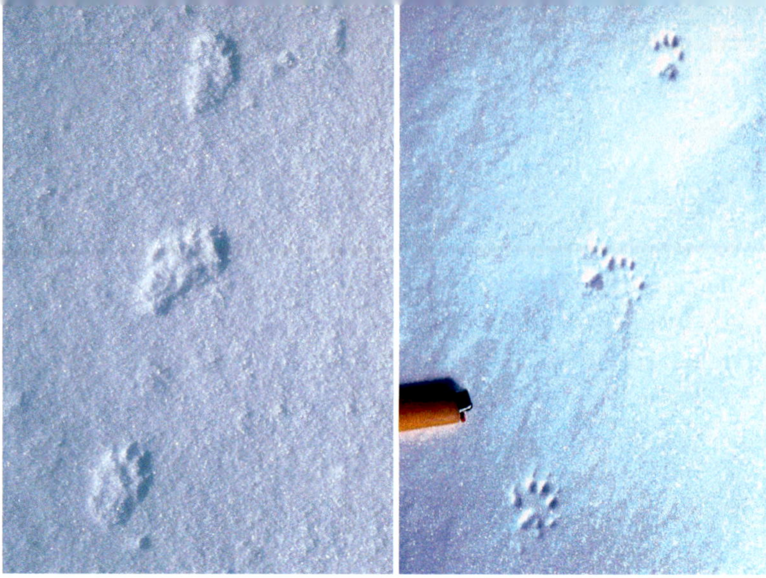

2

2 Manchmal, zum Beispiel auf hartem, gefrorenem Schnee, verfallen Baummarder (links) oder Steinmarder (rechts) in «gehende» Fortbewegung.

3 Ein Iltis hat eine Spur gelegt, die in einem Schneeloch endet. Er hat seinen Weg mehrere 100 Meter unter der frischen Schneedecke fortgesetzt, da diese seinem Gewicht nicht standgehalten hätte.

Zuerst müssen wir aber wissen, wie die Spuren zu lesen und von denen anderer Tiere zu unterscheiden sind (Abb. 1–6). Unter guten Bedingungen erkennen wir in einem Fußabdruck (Trittsiegel) fünf Zehen, jeweils mit ihren Krallen und Zehenballen. Oft sind aber im Abdruck auch nur vier Zehen sichtbar und der Daumen fehlt. Leicht nach hinten verschoben folgen die Sohlenballen, es sind vier für die Hinterpfoten respektive fünf für die Vorderpfoten (Abb. 7, 8). Diese Elemente sind aber vor allem bei Baummarder und Hermelin im Winter schlecht sichtbar, weil die Ballen mit Haaren bedeckt und die Konturen dadurch verwischt sind. Form und Größe erlauben es aber, die Marderspur dennoch zu erkennen.

Wer gute Spurenabdrücke findet, kann sie mit Übung und, wenn vorhanden, mit Vergleichsmöglichkeiten bis auf die Art bestimmen. Im Themenkasten auf Seite 132/133 sind die Trittsiegel (Pfotenabdrücke) der sechs für Mitteleuropa einheimischen kleinen Musteliden beschrieben und ihre Unterscheidungsmerkmale zusammengefasst.

Natürlich können Spuren auch im Schlamm (Abb. 9) oder im Staub von Scheunen und Dachböden gefunden werden – oder manchmal auf Kühlerhauben und Autoscheiben (S. 158, Abb. 10), wenn es sich um den Steinmarder handelt.

Auf die Abfolge der einzelnen Fußabdrücke (Spur, Fährte) hat vor allem der Bewegungsablauf Einfluss. Am langsamsten ist der einfache Gang (Schritt), etwas schneller der Trab. Verschiedentlich sind wir auf Hinweise gestoßen, dass Musteliden auch besonders geschickt und mit koordinierten Bewegungen rückwärtsgehen können. Das macht natürlich besonders Sinn

3

4 Zweimal Iltis: links der für Musteliden typische «Zweisprung», rechts der vor allem dem Iltis eigene «Dreisprung».
5 Mustelidentypische Hermlinspur: eine regelmäßige Folge doppelter, in Längsrichtung leicht verschobener Abdrücke.

in engen Verstecken oder in Mauselöchern. Typisch und häufig ist bei Musteliden aber die Fortbewegung in Sprüngen (Sprunglauf, Paarsprung, «Mardersprung»). Dabei machen die Tiere eine Folge von nicht allzu hohen Sätzen (Abb. 10, 11). Sie schnellen den Körper mit den Hinterbeinen vom Boden weg und landen dann auf den Vorderbeinen. Die Hinterfüße werden in der Folge ziemlich genau an der Stelle aufgesetzt, von der die Vorderbeine schon für den nächsten Sprung abgehoben haben. Dabei entsteht die klassische Marderspur, eine Reihe von Paartritten, jeweils der eine ganz leicht vor dem anderen (Abb. 1, 5). Die Sprünge des Iltisses sind weniger

4

5

6

6 Die kleine Spur des Mauswiesels kreuzt die große Spur eines Feldhasen.

präzis, man sieht oft drei oder sogar vier Pfotentritte nahe beieinander (Abb. 4). Die Praxiserfahrung lehrt aber, dass dieses Schema nicht starr ist und dass die Anordnung der Fußabdrücke verschieden sein kann. Die Länge des Sprunges variiert beträchtlich. Dieser wird kürzer beim Steigen oder in tieferem Schnee.

Die kleinen Musteliden bewegen sich am liebsten auf dem Boden, sogar der Baummarder. Alle schwimmen sehr gut (Abb. 12) und sie sind, mit Ausnahme des etwas schwerfälligeren Iltisses (Abb. 13), mehr oder weniger gute Kletterer. Darin sind besonders die beiden Marderarten wahre Meister (Abb. 14, 15) und so geschickt und beweglich, dass ihre Kühnheit uns gelegentlich wirklich verblüfft: Wir haben Tiere in Gefangenschaft dabei beobachtet, wie sie an verputzten Mauern hochkletterten, sich mit ihren Krallen an die Deckenholzverkleidung klammerten und sich bis in die Raummitte hangelten – um dort die Kabel unserer Videokameras anzuknabbern. Der Steinmarder nutzt die kleinsten Unebenheiten und natürlich

7 Pfotenabdrücke des Hinterfußes. Das Muster der Sohlenballen ist hufeisenförmig. Beim Baummarder, im Winter auch beim Hermelin, sind die Ballen nur schwach oder gar nicht sichtbar, weil die Sohle behaart ist.

Kletterpflanzen an Fassaden, um an Gebäuden in die Höhe zu gelangen. Abwärts geht es noch schneller: sei es durch Rutschpartien auf dem Schnee, über Dachziegel oder, kopfüber, entlang von Regenrohren. Einmal haben wir einen Baummarder beobachtet, der wie ein Stein an einem 15 Meter hohen Baumstamm hinuntersauste, um dann sofort wieder den gleichen Weg nach oben zu nehmen, indem er sich an die Rinde krallte.

Baum- und Steinmarder schaffen – von fünf bis zehn Meter hohen Felswänden, Ästen oder Mauern aus – Sprünge von drei bis vier Meter Weite. Ein Baummardermännchen, das wir aufgescheucht hatten, sprang von einer 15 Meter hohen Tanne, «segelte» mit abgespreizten Beinen wie ein Flughörnchen schräg nach unten, um sich dann gerade noch am äußersten Ende eines Asts einer zehn Meter entfernt stehenden Fichte mit einer Pfote aufzufangen. Ein durch die Baumkronen flüchtender Baummarder ist so schnell und heimlich, dass man normalerweise nur die Bewegungen der Äste sieht, auf denen er vorwärtsturnt.

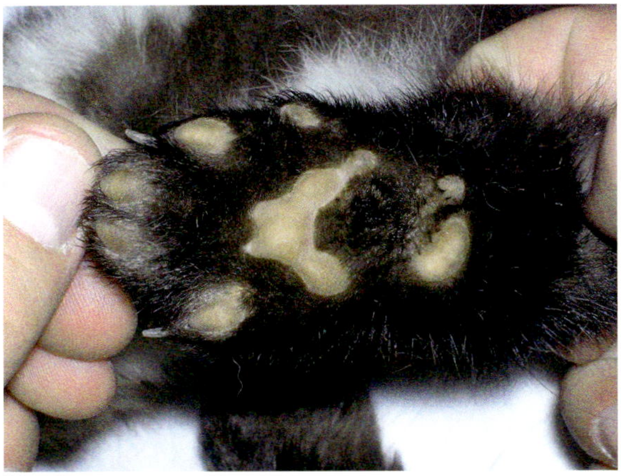

8

8 Ballen an der Vorderfußsohle eines Steinmarders.

Wie schon erwähnt benützen Mauswiesel und Hermelin gerne und häufig die Gangsysteme von Wühlmäusen oder sie bewegen sich in deren Laufgängen unter dem Schnee. Diese «Galerien» zwischen Schnee und Bodenoberfläche sind nicht mit den Gängen zu verwechseln, die das Hermelin verursacht, wenn es sich mit wellenförmigen Bewegungen schnell durch eine dicke, aber leichte Schneedecke bewegt. Von Zeit zu Zeit verrät ein Loch in der Schneedecke, wo es sich an der Oberfläche umgesehen hat.

Die Distanzen, die während einer Aktivitätsperiode oder während einer Nacht zurückgelegt werden (Abb. 17), hängen stark von der Jahreszeit, den Witterungsverhältnissen und der jeweiligen Handlung ab (Jagd, Partnersuche, Markierung des Territoriums). Steinmarder und Iltisse können allerdings auch tagelang in den von ihnen bewohnten Scheunen verharren, wenn große Kälte sie zurückhält. Ihre Aktivität nimmt mit sinkender Umgebungstemperatur deutlich ab. Auch überfrierende Nässe wird von Steinmardern gemieden. Der Baummarder hingegen bleibt auch bei großer Kälte (–30 °C oder –40 °C) nicht lange in seinem Versteck.

Es ist nicht einfach, Marderspuren im Schnee zu verfolgen. Es ist einiges an Ausdauer und Hartnäckigkeit nötig, wenn man die gesamten 10 bis 15 Kilometer ablaufen will, die Marder zurücklegen können. Am besten lassen sich Marderspuren in kaum bewohntem Gebiet bei günstigen Schneeverhältnissen verfolgen, die in gewissen Gegenden jedoch kaum je

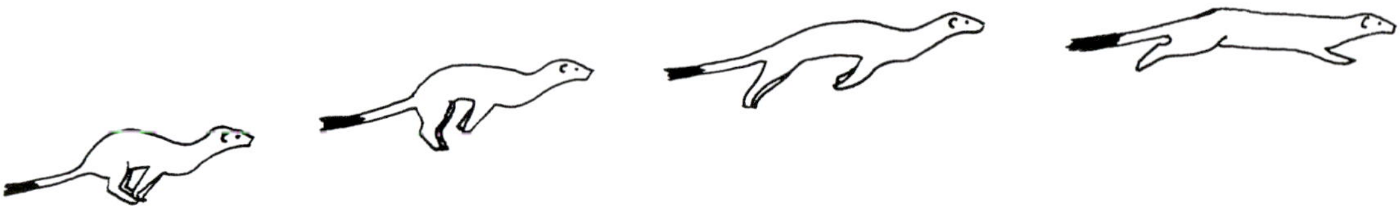

9 So deutliche Fußabdrücke sind selten. Ein Steinmarder hat im Schlamm sehr typische Vorderpfotenabdrücke hinterlassen: regelmäßig aufgereihte Zehenballen, runde Sohlenballen, alle Sohlen- und Hintersohlenballen sowie Krallen gut sichtbar.
10 Ablaufschema der bei allen kleinen Musteliden vorkommenden und meist sehr typischen springenden Fortbewegungsweise.

9

10

gegeben sind. Die Streifzüge der Männchen sind im Allgemeinen ausgedehnter als diejenigen der Weibchen. Meist nehmen sich die Musteliden auf ihren nächtlichen Ausflügen die Zeit, um links und rechts von ihrem Parcours herumzustöbern und buchstäblich ihre Nase in alles hineinzustecken. Sie können aber auch zielstrebig und schnell sein, wie jener Baummarder, der in einer halben Stunde fast zwei Kilometer weit gekommen ist, oder gar der Steinmarder, der in 23 Minuten drei Kilometer zurückgelegt hat. In voller Flucht können sie durchaus eine Geschwindigkeit von 15 bis 20 Kilometer pro Stunde erreichen.

Iltis- und Wieselspuren führen selten über mehr als fünf Kilometer, was das «Schneetracking» etwas weniger anstrengend macht. Allerdings enden sie häufig an Löchern, weil die Tiere sich von hier aus über gewisse Strecken unter dem Schnee oder unter der Erde fortbewegt haben.

11

11 Der Baummarder bewegt sich üblicherweise auf dem Boden fort, mit schnellen, aufeinanderfolgenden Sprüngen (Fotofallenbild).

12

12 Iltisse sind gute Schwimmer. Sie zögern nicht lange, wenn es Bäche oder Flüsse zu überqueren gilt. Dieser Schnappschuss ist ein seltenes Bilddokument dafür.

Kleinkarnivoren laufen gerne entlang von Grenzlinien und Leitstrukturen, insbesondere wenn diese natürliche oder künstliche Deckung bieten: Hecken (S. 45, Abb. 3), Mauern, kleine Trockenmauern (S. 57, Abb. 19), Säume, Gräben, Uferböschungen von Wasserläufen (Abb. 16; S. 57, Abb. 20), Wege, Zäune, Entwässerungskanäle usw. Hier finden sie meist nicht nur Schutz und leichte Fortbewegungsmöglichkeiten, sondern ebenfalls viel Nahrung. Denn an solchen Orten verstecken sich auch gerne ihre Beutetiere – Nager, Vögel, Insekten – und oft gibt es in der Umgebung viele Bäume mit Früchten. Es kommt durchaus auch vor, dass Musteliden, weil sie den Weg des geringsten Widerstandes suchen, im Winter Langlaufpisten benützen.

13

Die Tiere kennen ihre Umgebung sehr gut, sie benützen regelmäßig ganz bestimmte Passagen, wobei sie sich an optischen und geruchlichen Landmarken orientieren. Wir haben Beispiele beobachtet, die ihr ausgezeichnetes topografisches Erinnerungsvermögen bestätigen. So suchten einzelne Tiere an Stellen nach Nahrung, an denen sie sechs Monate früher regelmäßig unsere Köder gefressen hatten. Einem Baummarder war es durch seine Beharrlichkeit gelungen, sich unter seinem Gehege durchzugraben und zu entweichen. Eine Woche später ging uns der Ausbrecher in die Falle: Er war auf dem Weg in sein Herkunftsrevier, das fast zehn Kilometer Luftlinie entfernt lag.

13 Gewölbter Rücken, tief gehaltener Schwanz, einzelne, kurze Sprünge: Kein Zweifel, es handelt sich um einen Iltis.

14 Der ideale Ausguck für einen Steinmarder.
15 Auf Bäumen fühlt sich der Steinmarder weniger sicher als der Baummarder.

14

15

16

16 Kleine Wasserläufe und Abzugsgräben werden vom Hermelin geschätzt, um sich unbemerkt fortzubewegen.

Themenkasten

Merkmale der Trittsiegel von Mardern, Waldiltis und Wieseln

Vereinfacht nach Marchesi et al., 2008

Die Fußabdrücke der nachfolgend behandelten kleinen Marderartigen messen in der Regel weniger als sechs Zentimeter in der Länge (vom Vorderrand des vordersten Zehenballens bis zum Hinterrand des hintersten Sohlenballens). Es sind vier oder fünf fächerartig aufgereihte Zehenballen sichtbar (der seitlich liegende Daumenballen fehlt oft) sowie mehrere Sohlenballen und manchmal der Hintersohlenballen. Sehr deutliche Fußabdrücke sind im Feld selten anzutreffen.

Zu unterscheiden sind:

1 Zehenballen
2 Daumen
3 Sohlenballen
4 Hintersohlenballen

Abgebildet ist jeweils immer der rechte Vorderfuß in Originalgröße.

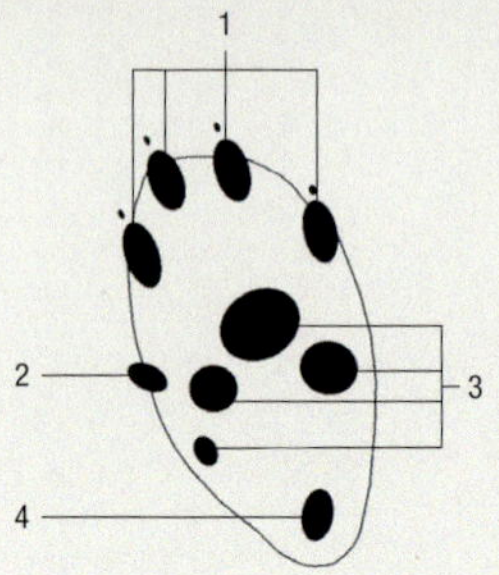

Trittsiegel rechter Vorderfuß (Steinmarder)

Baummarder Länge: 3–7 cm; Breite: 3–4 cm.

Sohlenballen meist schlecht oder nicht erkennbar (insbesondere im Winter infolge der starken Behaarung der Fußsohle). Der Abdruck zeigt oft nur den mittleren Sohlenballen und eventuell einen seitlichen Sohlenballen.

Im Winter ist der Umriss der Fußsohle infolge der Behaarung undeutlich.

Der Hintersohlenballen ist selten erkennbar.

Fährte: Wie diejenige des Steinmarders; der Baummarder klettert jedoch auf Bäume und nicht auf bewohnte Gebäude.

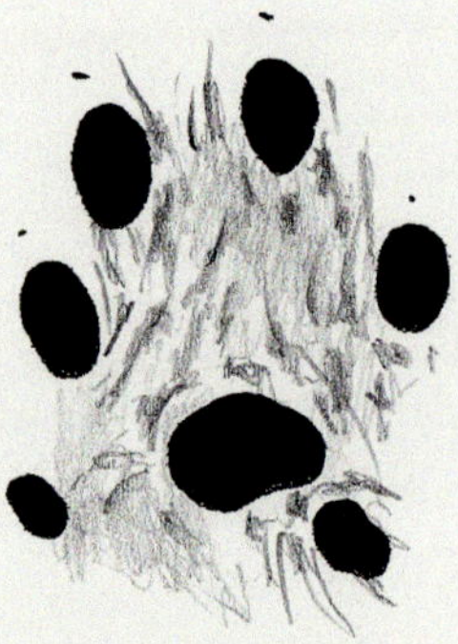

Steinmarder Länge: 3–6 cm; Breite: 3–4 cm.

Sohlenballen meist gut erkennbar, mehr oder weniger rund.

Die vorderen und die hinteren zwei Zehenballen liegen je in einer horizontalen Reihe, die Ausrichtung der Zehen verläuft mehr oder weniger parallel zu derjenigen des Fußes.

Beim Vorderfuß hinterlässt der Hintersohlenballen gelegentlich einen Abdruck.

Fährte: Meist in Sprüngen mit paarweise angeordneten Trittsiegeln; klettert selten auf Bäume, jedoch auf Gebäude.

Waldiltis Länge: 2,5–4,5 cm; Breite: 2–3,5 cm.
Sohlenballen (hauptsächlich der mittlere große) relativ rechteckig geformt, Zehen davon ausstrahlend.
Der vierte Zehenballen (außen) ist im Vergleich zu den anderen deutlich nach hinten versetzt (ergibt Erscheinungsbild von drei vorn gruppierten Zehen).
Fährte: Meist in unregelmäßigen Sprüngen mit 2 bis 3 oder gar 4 gruppierten Trittsiegeln, Schwanz hinterlässt gelegentlich einen Abdruck; der Waldiltis klettert im Unterschied zu Steinmarder und Baummarder selten.

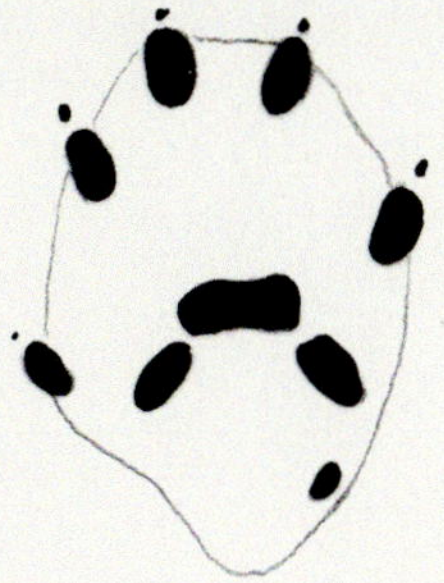

Europäischer Nerz
Sein Trittsiegel ist sehr schwer von demjenigen des Waldiltisses zu unterscheiden. Es wirkt etwas kleiner und runder. Zehenballen in einem regelmäßigen Halbkreis angeordnet. Mittlerer, großer Sohlenballen mehr oder weniger rund.

Hermelin Länge: 2–3 cm; Breite: 1,1–2 cm.
Oft 3 Sohlenballen zu erkennen (1 großer mittlerer und 2 seitliche). Maße meist etwas größer als beim Mauswiesel.
Fährte: Meist in regelmäßigen Sprüngen mit paarweise angeordneten Trittsiegeln (Sprunglänge 30–80 cm). Im Schnee ist manchmal bei einem von zwei Sprüngen ein Körperabdruck zu erkennen.

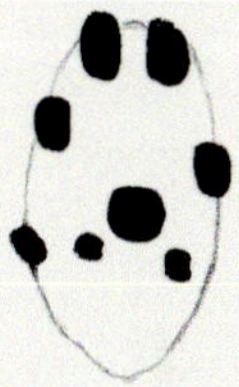

Mauswiesel Länge: 1–2 cm; Breite:0,7–1,5 cm.
1–2 Sohlenballen zu erkennen (1 großer mittlerer und 1 seitlicher).
Maße etwas kleiner als beim Hermelin.
Fährte: Wie Hermelin, aber mit kürzerer Sprunglänge (10–20 cm); Fortbewegung öfter unter als auf der Schneedecke.

Skizzen von Paul Marchesi und Simon Capt (Schema)

Beobachtungsprotokoll | Paul Marchesi

12. Februar 1987, Combe à la Biche, Berner Jura, 8 Uhr morgens.

Die Nacht war sehr kalt: –22 Grad Celsius im Inneren des Wohnwagens, –27 Grad Celsius außerhalb. Alles ist gefroren, Brot inbegriffen. Der Wassersack ist unter dem Druck des Eises gerissen. Draußen 15 Zentimeter Pulverschnee, der gestern Abend gefallen ist. Der Himmel ist klar, es ist windstill, die Nase sticht vor Kälte, und die Haut rötet sich.

Der Steinmarder hat seine Scheune über Nacht nicht verlassen, die Katzen auch nicht – sie sind nicht verrückt. Rasch wärmt uns ein Kaffee auf, und wir sind unterwegs, bis zu den Ohren eingemummt. Aus dem Rucksack ragt die Telemetrieantenne. Die Skier furchen den leichten Schnee, der unter den ersten Sonnenstrahlen zu glitzern beginnt.

Wir müssen als Erstes das gestrige Tagesversteck von MM11 wieder finden, dem kleinen Baummarderweibchen, das wir seit einem Jahr unter Beobachtung haben. Dazu heißt es, den ziemlich steilen Abhang der Schlucht hochsteigen und in den Wald hinein. Hier ist auch schon sein Lager (A), ein kleines Loch von ungefähr zehn Zentimeter Durchmesser, das sich im Schnee zwischen den Wurzeln einer großen Fichte abzeichnet. Die Ränder des Eingangs sind gefroren, infolge der leichten Feuchtigkeit, die das Tier ausdünstete.

In der Umgebung des Lagers ist keine einzige Spur sichtbar. Der Marder hat seinen Weg wohl zuerst über die Bäume genommen, kletternd und mit Sprüngen vom einen zum anderen. 200 Meter weiter finden wir seine Spur, weil er hinunter auf den Boden gewechselt hat, der hier zu einem Dickicht hin ansteigt. Das Tier hat sich, wie es für Marder üblich ist, in fünfzig bis siebzig Zentimeter langen Sprüngen fortbewegt und dabei die charakteristische Folge von Doppelspuren hinterlassen. Die Fußspuren sind im Wald fünf, im offenen Gelände bis zu zehn Zentimeter in den Schnee eingetieft.

Der Marder quert in gerader Linie eine dreißig Meter breite Lichtung und springt über eine kleine Steinmauer. Auf der Waldweide, wechselt er von Baum zu Baum, bleibt aber immer am Boden. Am Fuß einer dieser Fichten finden wir eine gefrorene Losung (Kot) und Urinflecke. Etwas weiter weg hat er am Fuß eines Strunkes im Schnee gescharrt und unter den niedrigen, verschneiten Ästen einer jungen Fichte ein zweites Kotwürstchen zurückgelassen.

Wenn ein Mustelide auf die Jagd nach kleinen Säugetieren geht, bewegt er sich im Zickzack, macht Schlaufen, kommt manchmal an den Ausgangspunkt zurück. Dieses Verhalten ist bei Punkt B auf der Skizze gut sichtbar. Bei dieser aktiven Suche scharrt er regelmäßig am Boden, durchstöbert die kleinsten Gestrüppwinkel, Asthaufen, Wurzel-

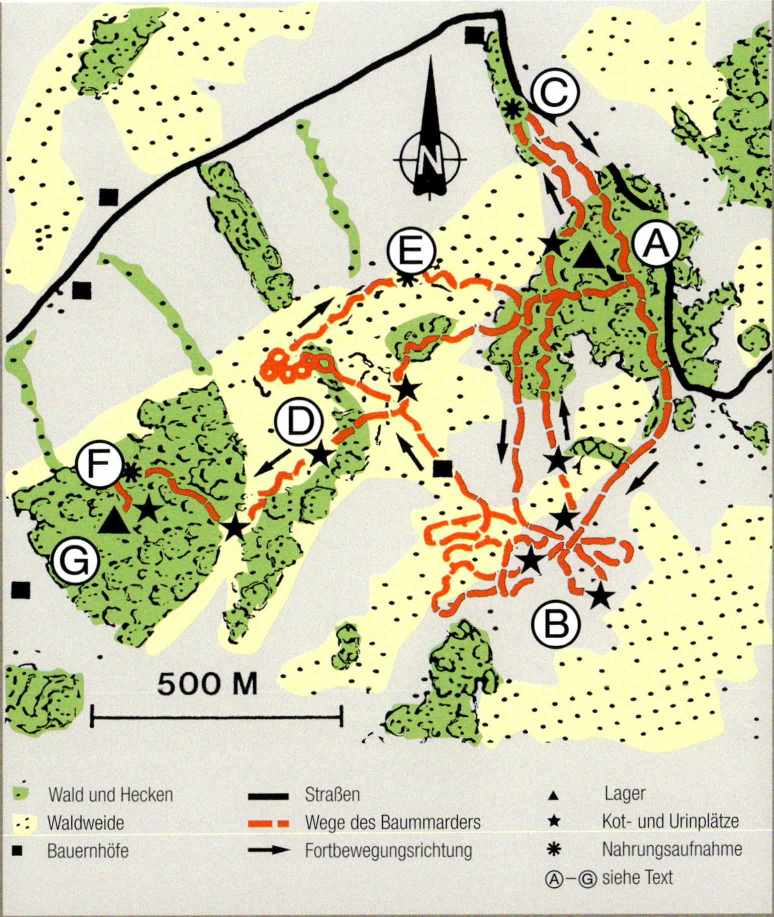

17

17 Schneetracking eines nächtlichen Baummarderstreifzugs. Das gesamte Heimgebiet dieses Weibchens ist in Abb. 3 auf S. 45 wiedergegeben.

stöcke und Holzstöße (Abb. 18). Fängt er Beute, so geschieht dies aber oft so diskret und im Verborgenen, dass er dabei selten direkt beobachtet werden kann. Übrigens war unser Marder schon gestern an der gleichen Stelle, um sie abzusuchen. Gleichzeitig fanden sich Spuren von zwei Steinmardern und einem weiteren Baummarder, vermutlich einem Männchen.

MM11 steigt wieder in Richtung Tagesversteck hinunter, markiert am Fuß eines Zaunpfahls mit Urin und läuft nun in Richtung eines Vogelbeerbaumes, der wenige Meter von der Straße entfernt steht (C). Auf dem Baum können wir seinen Weg weiterverfolgen, dank des Schnees, der beim Klettern des Marders von den Ästen gefallen ist. In zehn Meter Höhe führt der Weg auf feine Äste hinaus, an deren Ende fehlende und halb zerkaute Beeren von der Mahlzeit des Tieres erzählen.

18

18 Baummarder mit viel Sinn für Tarnung.

Der Marder kehrt wieder zum Punkt B zurück, und mittlerweile sind schon drei Stunden vergangen, in denen wir die Spur verfolgt haben. MM11 biegt nun nach Nordwesten ab und durchquert in gerader Linie eine Gruppe offener Holzschuppen und eine Weide. Entlang von einigen kleinen Felswänden (D) nimmt er das Jagdverhalten wieder auf. Er durchsteigt die Felsen, nach oben und nach unten, mit langen Gleitpartien und Sprüngen von zwei bis drei Meter Weite, alles mit sehr viel mehr Geschick, als wir es nachher auch machen.

Wir werden noch Zeugen von zwei weiteren Mahlzeiten. Bei Punkt E wird ein Eichelhäher erbeutet, der sich dort im Wurzelwerk eines umgestürzten Baumes aufgehalten hat. Der Marder verspeist ihn teilweise an Ort und Stelle, dann trägt er den Rest in seinem Maul weg und lässt dabei hier und da einige Federn links und rechts des Weges liegen. Bei Punkt F gräbt er einen Tunnel von 75 Zentimeter Tiefe in den Schnee und findet dort ein Hühnerei, das wir vier Monate zuvor deponiert hatten. Guten Appetit.

Die Spur endet schließlich bei einem Erdloch (G), das wiederum zwischen den Wurzeln einer Fichte liegt. Der Empfänger des Peilgerätes bestätigt uns: Der Marder ist hier. Wir nehmen übrigens auch einige schwache Geräusche wahr, die aus der Höhle dringen. Beruhigt, ihn im Schutze seines Lagers zu wissen, beeilen auch wir uns zurückzukehren. Wir sind seit fast sechs Stunden unterwegs und spüren vor Kälte unsere Füße nicht mehr.

Vor einer großen Schale heißer Suppe ziehen wir die Bilanz des Tages:

- Die Distanz, die MM11 in der Nacht zurückgelegt hat, beträgt ungefähr elf Kilometer, davon wurden über 95 Prozent am Boden zurückgelegt.
- Keine andere Marderspur wurde gekreuzt.
- Für die Statistik: Sieben Mal wurde gekotet, sieben Mal Urin gelassen, an 25 Stellen gescharrt und mindestens drei Mal gefressen, nämlich Vogelbeeren, ein Eichelhäher und ein Hühnerei.

9

Wenn die Jäger Opfer sind

Krankheiten, Parasiten, Feinde

Eigentlich können kleine Musteliden durchaus fünf, sechs oder mehr Jahre alt werden, Marder auch mal über zehn Jahre. Dennoch findet man in freier Natur höchst selten so alte Exemplare. Denn wie für andere Arten auch sind die Gefahren durch Krankheit oder Unfall vielfältig und die Wahrscheinlichkeit eines tödlichen Ausgangs recht groß.

Tollwut

So können Musteliden an Tollwut erkranken. Die Tollwut wird durch ein Virus aus der Gruppe der Rhabdoviren verursacht. Diese Viren werden außerhalb des Körpers nach wenigen Tagen inaktiviert, vor allem wenn sie der Sonne ausgesetzt sind. Die Tollwut befällt in Europa in erster Linie den Fuchs, doch sind auch zahlreiche Fälle bei Marderartigen bekannt. Anscheinend ist der Dachs wesentlich anfälliger als der Steinmarder und der Iltis, beim Baummarder sind nur einzelne Tollwutfälle bekannt. Die kleinen Marderartigen haben jedoch während der Seuchenjahre nie eine überragende Rolle gespielt. Bei Wieseln wird Tollwut sehr selten diagnostiziert, kranke Tiere werden allerdings kaum bemerkt und gelangen deshalb auch nicht gezielt zur Untersuchung.

Obwohl die Ansteckungsgefahr durch Musteliden geringer ist als die Ansteckungsgefahr durch Füchse, muss insbesondere der Steinmarder im Auge behalten werden, der oft in unmittelbarer Nähe des Menschen und damit seiner Haustiere lebt, vor allem von Katzen und Hunden. In Deutschland, wo das Tollwutgeschehen seit 1955 nachverfolgt werden kann, erreichte die Tollwut im Jahrzehnt von 1975 bis 1985 einen Höhepunkt. Die Zahl der Tollwutfälle ist seither stark zurückgegangen, hauptsächlich infolge der in freier Wildbahn durchgeführten oralen Fuchs-Impfungen. 2009 waren Frankreich, Deutschland, Österreich und die Schweiz tollwutfrei. In Mittel- und Osteuropa werden aber nach wie vor Fälle registriert.

Wir haben noch 1982 den Fall eines tollwütigen Iltisses selbst erlebt. Im Rahmen einer Populationsstudie in den Schweizer Voralpen ging das Tier im Frühjahr in eine Falle. Wie gewohnt, wurde es für die Vermessung und Markierung ins Labor mitgenommen und sollte dann am Fangort wieder freigelassen werden. Es zeigte zuerst keine Anzeichen der tödlichen Krankheit und wurde übers Wochenende in Gefangenschaft zurückbehalten.

Am Montagmorgen ging alles sehr rasch. Das Tier schien sehr apathisch. Auf dem kurzen Weg ins Labor bemerkten wir, dass es Gleichgewichtsprobleme hatte. Mit dem Käfig im Labor angekommen, mussten wir feststellen, dass der Hinterleib schon gelähmt war, zwei Stunden später war der Iltis gestorben. Der Veterinärdienst bestätigte unsere Vermutung: Tod durch Tollwut.

Staupe

Die bei Hunden berüchtigte Staupe ist ebenfalls eine Viruserkrankung, die Musteliden befallen kann. Frettchen oder Nerze sind in Gefangenschaft sehr anfällig dafür, aber auch aus freier Wildbahn wurden Fälle von Staupenerkrankung bei kleinen Marderartigen bekannt (Iltis, Marder, Nerz, Wiesel). Dass mit der Staupe immer gerechnet werden muss, zeigt als Beispiel die Situation in der Schweiz, wo 2009 und 2010 in gewissen Regionen zahlreiche Fälle bei Füchsen und Dachsen sowie ein Fall bei einem Steinmarder nachgewiesen worden sind.

Einerseits ist aus der Gefangenschaftshaltung von Kleinraubtieren recht viel Wissen über mögliche Krankheiten vorhanden (etwa über die mit der Katzenseuche verwandte Panleukopenie der Marderartigen, über das Grippevirus, über die aviäre Tuberkulose). Andererseits weiß man wenig über die Situation bei wilden Marderartigen und über den Einfluss dieser Krankheiten auf die Populationen (zum Beispiel Jugendmortalität, Einfluss von Epidemien auf die Populationsdynamik).

Viel besser sind die parasitären Erkrankungen bekannt: Ihre Diagnose ist im Normalfall leichter, da der Parasit selbst, seine Eier oder seine Larven bestimmt werden können. Unter den Einzellern sind die Coccidien, von denen es zahlreiche Arten gibt, am häufigsten. Alle Coccidienarten erzeugen Darmerkrankungen, bestimmte Formen sind auch beim Geflügel sehr verbreitet.

Parasitische Würmer

Man kann davon ausgehen, dass alle, auch gesunde Musteliden, Träger von parasitischen Würmern sind. Die Artenliste ist lang, sie ist unterteilt in Plattwürmer (Bandwürmer, Saugwürmer) und Schlauchwürmer (Rund- oder Fadenwürmer), die oft mit Arten nah verwandt sind, welche bei Hunden oder Katzen parasitieren.

1

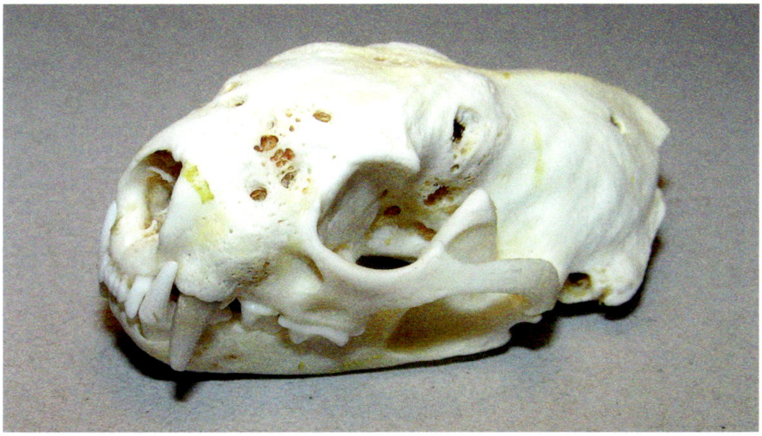

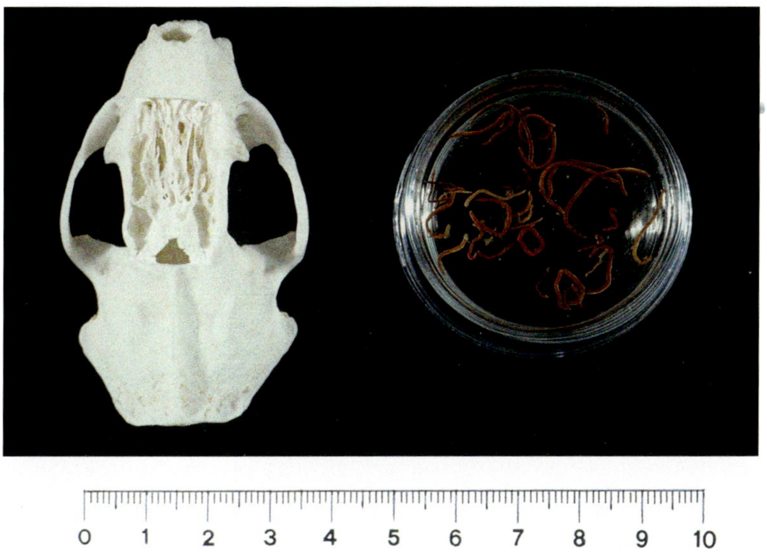

2

1 Die Nasenregion dieses Iltisschädels wurde durch den Plattwurm *Troglotrema acutum* stark durchlöchert.

2 Parasitischer Fadenwurm *(Skrjabingylus nasicola)* aus den Stirnhöhlen des abgebildeten Mustelidenschädels.

Zwei dieser Parasiten verdienen besondere Erwähnung, weil sie als Adulte an einer ganz speziellen Stelle im Wirt leben, nämlich in den Nasennebenhöhlen (vor allem Stirnhöhlen). Beim einen handelt es sich um den Nasensaugwurm, *Troglotrema acutum* (Abb. 1), beim anderen um einen Fadenwurm mit dem etwas komplizierten Namen *Skrjabingylus* (Abb. 2), benannt nach dem berühmten russischen Parasitologen Skrjabin. Der Saugwurm ist vor allem ein Iltisparasit, während der Fadenwurm bei allen

3 Außenparasiten (Ektoparasiten) gehören zum normalen Leben eines Wildtieres wie dieses Hermelins und sind, solange sie nicht in Überzahl auftreten, mehr lästig als schädlich.

kleinen Musteliden auftritt. Inwieweit sie unter dem Befall leiden, ist schwer zu sagen. Nach Meinung einiger Autoren könnte das Verhalten entsprechender Tiere gestört sein, was wir aber nie haben feststellen können. Immerhin können die durch die Parasiten verursachten Schädigungen beträchtlich sein und bis zum Durchbruch der Knochenwand gehen. Die Tiere stecken sich an, wenn sie die von Larven befallenen Zwischenwirte der Parasiten als Beute verzehren: Amphibien im Fall des Nasensaugwurms, Nagetiere und Insektenfresser beim Fadenwurm.

Ektoparasiten

Auch Ektoparasiten (Außenparasiten) sind bei Marderartigen häufig. Sie fangen sich oft die Parasiten ihrer Beutetiere ein, wenn sie in deren Gängen und Nestern jagen. Das gilt im Besonderen auch für die Flöhe von Maulwürfen, Nagern und sogar Vögeln.

4

Vor allem im Frühjahr bohren sich oft Zecken (Ixodidae) in die Haut der kleinen Raubtiere, um sich mit Blut vollzusaugen. Treten sie allzu zahlreich auf, was nicht häufig der Fall ist, können sie für das Trägertier störend werden (Abb. 3): Sie setzen sich mit Vorliebe auf den Ohren ihres Wirtes fest, sogar im Ohrinneren, aber auch auf der Schnauze und im Nacken (Abb. 4).

Milben – wie die Grabmilbe *Sarcoptes scabiei*, welche die Räude verursacht – können viel problematischer sein. Dieser in einer eignen Form ebenfalls beim Menschen bekannte Hautparasit lebt in der Oberhaut und bewegt sich hier fort. Er schädigt rasch die Haut und verursacht starken Juckreiz. Die verletzte Haut wird oft zusätzlich von einer Infektion befallen, und die Tiere verlieren die Haare, sei es lokal, sei es bei starkem Befall großflächig. Im Bereich der Pfoten schwillt befallenes Gewebe an, das kann bis zum Verlust der Krallen führen. Bei Musteliden wird *Sarcoptes* sehr selten diagnostiziert, am ehesten beim Steinmarder. Die Räude kann aber

4 Einzelne Ektoparasiten stören kaum. Treten sie in größeren Mengen auf, wie die Zecken (braun), auf diesem Iltisbaby, können sie für die Wirtstiere sehr lästig werden. Dass hingegen Fliegen ihre Eier (weiß) auf noch lebenden Tieren ablegen, kommt wohl nur bei sehr geschwächten Exemplaren vor. Der junge Iltis im Bild hat überlebt und wurde erfolgreich großgezogen.

5

5 Der Steinadler ist in den Bergen ein möglicher Feind von kleinen Raubsäugern.

doch gelegentlich epidemische Ausmaße annehmen (so 1976 im Kanton Waadt, Schweiz, wo 12,5 Prozent der Steinmarder befallen waren). In den letzten 35 Jahren wurden in der Schweiz immer wieder Räudefälle in Wildtierpopulationen bekannt, teils mehrere Jahre dauernde Epidemien bei lokalen Fuchspopulationen.

Schlechte Ernährung und Fressfeinde

Schlechte Ernährung kann zu Krankheiten führen und die Mortalität erhöhen. In Perioden von Nahrungsmangel trifft man nicht selten auf bedrohlich abgemagerte Tiere. Die Auswirkungen von Unterernährung – wie Vitaminmangel oder das Fehlen anderer wesentlicher Stoffe – sind aber nicht einfach festzustellen.

Welche Feinde haben Marderartige? Weil viele Musteliden klein sind, haben sie zahlreiche Fressfeinde: Mauswiesel und Hermelin sind nicht sicher vor dem Fuchs, vor mehr oder weniger verwilderten Hauskatzen oder vor Greifvögeln (Abb. 5) und Eulen. In den Alpen haben wir einmal beobachtet, wie ein Steinadler ein Hermelin erbeutete. Der Iltis sowie Baum- und Steinmarder müssen dagegen kaum Feinde fürchten, außer vielleicht gelegentlich einen wildernden Hund oder sehr selten einen Luchs.

10

Leben und leben lassen

1

Verhältnis zum Menschen

Viel Übles sagte und sagt man den Kleinraubtieren und besonders den Marderartigen nach: Sie sind grausam, blutrünstig, sie stinken, sind schädlich und was der Freundlichkeiten mehr sind. Noch in einem 1950 erschienen Werk mit dem Titel «La vie des Animaux» (Das Leben der Tiere) haben wir Textpassagen gefunden, die zeigen, wie wenig Achtung man dem Steinmarder, dem Hermelin und ihren Verwandten entgegenbrachte. Da heißt es zum Beispiel: «... mit ihren kleinen, bösen Augen inspizieren sie ihre Umgebung und stürzen sich auf alle Beute ihrer eigenen Größe», «... man hat beobachtet, wie sie Pferde, Kühe, ja Menschen angreifen und blutgierig zubeißen», «... die meisten Marderartigen sind ausschließliche Fleischfresser und vor allem wilde und blutrünstige Raubtiere». Oder über Hermelin und Mauswiesel: «... in letzter Not verspritzen sie, wie Stinktiere, eine schwarze und stinkende Flüssigkeit».

1 Ein Hühnerhof kann von einem Kleinkarnivoren überfallen werden, wenn er schlecht geschützt ist. Im Bild stiehlt sich ein Iltis davon.

Die Marderartigen leiden besonders unter dem Ruf, Kleinvieh und Hühner anzugreifen: «... der Steinmarder kann des Nachts ausziehen, um in Hühnerhöfen, Taubenschlägen und Kaninchenställen Verwüstung zu verbreiten. Er richtet aus purem Sadismus wahre Blutbäder an, um sich schließlich mit einem einzigen Exemplar seiner Opfer zu begnügen, das er in sein Nest trägt.» Kann ein Marder oder Iltis tatsächlich in einen schlecht geschützten Geflügelstall eindringen (Abb. 1), werden angesichts der völlig unnatürlichen Situation dann vielleicht auch viel mehr Hühner oder Enten getötet, als der Räuber zu fressen vermag. Solche Gelegenheiten gilt es zu verhindern.

Häufig liest oder hört man auch, die Marderartigen würden das Blut ihrer Opfer saugen. In einem «wissenschaftlichen» Werk von 1923 haben wir folgendes Zitat gefunden: «... jedes lebende Wesen kommt ihnen recht, und die Marder haben keine Furcht, sich auf größere und stärkere Tiere, als sie es selber sind, zu stürzen, die sie dann gnadenlos zur Ader lassen, um sich an ihrem warmen Blut zu betrinken, um schließlich vollgestopft neben dem Kadaver ihres Opfers einzuschlafen.» Man wundert sich deshalb nicht, dass diese Beutegreifer fast bis in die heutige Zeit gnadenlos verfolgt und getötet wurden: Noch 1977 bot man in Frankreich eine Prämie zwischen zwei und zehn Francs für das Erlegen eines Marderartigen («Journal officiel de la République», Januar 1977). Den «schädlichen Tieren» zugeordnet, wurden sämtliche Kleinmarderarten mit allen möglichen Methoden verfolgt: Fallen, Gewehr, Gift. Man warf ihnen vor allem die Übergriffe auf Kleinvieh vor, was auch aus den oben aufgeführten Zitaten deutlich wird. Von Seiten der Jäger wird manchmal der Vorwurf laut, sie würden «Niederwild», wie Hasen, Kaninchen oder Fasane, ausrotten.

Seit einigen Jahrzehnten gelten Musteliden nicht mehr ausschließlich als schädlich, obwohl sich die Jagd «zur Regulation des Raubwildes» und auch der Fallenfang in vielen Ländern hartnäckig halten. Immerhin werden die Schutzwürdigkeit der Kleinkarnivoren und sogar ihre Nützlichkeit mehr und mehr anerkannt. In Frankreich zum Beispiel ist es verboten, «aus ihrem toten Körper Nutzen zu ziehen». Das Jagen ist zwar vielfach noch erlaubt, aber wenigstens geregelt, der Pelzhandel ist zurückgegangen oder nicht mehr erlaubt. In Deutschland unterstehen Mauswiesel, Hermelin, Iltis und die beiden Marderarten dem Jagdgesetz. Alle fünf Arten haben demnach Jagdzeiten, in denen sie erlegt werden können. Diese Jagdzeiten

2

2 Es ist ein trauriger Anblick, wenn ein Steinmarder in eine solche Falle gerät. Fangeisen sind vielerorts leider immer noch erlaubt und in Gebrauch. Oft tötet die Falle nicht sofort und lässt die Tiere lange leiden.

sind aber von Bundesland zu Bundesland unterschiedlich geregelt. In der Schweiz (außer im Kanton Genf) dürfen Marder in der Jagdzeit geschossen werden, der Iltis und die beiden Wieselarten gehören nicht mehr zu den jagdbaren Arten. Die Präparation von Individuen geschützter Arten darf nur durch bezeichnete Personen vorgenommen werden und ist meldepflichtig. In Österreich ist die Jagd im Prinzip überall erlaubt, die Regelungen und damit Einschränkungen sind ganz den einzelnen Bundesländern überlassen.

In Europa wurden Baummarder (was ihnen auch die Bezeichnung «Edelmarder» einbrachte) und Hermeline jahrhundertelang ihres Fells wegen gefangen (Abb. 2). Marderfelle waren für Mäntel, als Schal oder in der Hutmacherei beliebt. Aus Marderhaar wurden auch feine Pinsel hergestellt. Als Folge des zunehmenden Tierschutzbewusstseins im 20. Jahrhundert hat sich auch die Mode geändert. Die Nachfrage nach Marderfellen ließ nach, die Preise sanken stark, abgesehen von kurzzeitigen Ausnahmen, wie bei Steinmarderfellen in Italien während der 1970er- und 1980er-Jahre.

Sind aber Kleinmarder überhaupt gefährdet und wenn ja, welches sind die Ursachen? Wenn es nicht mehr Bejagung und Fallenfang sind, ist dann

3

der Lebensraum bedroht, ist die Nahrungsbasis verschwunden, ist es der Straßenverkehr oder sind es noch andere Faktoren? Diese Fragen können nicht für alle Arten gleich beantwortet werden.

Sicher zahlen die Musteliden nach wie vor einen großen Tribut an die Zivilisation und insbesondere den Verkehr. Wenn, wie eine ältere Schätzung aus dem Elsass errechnete, 68 Prozent des jährlichen Steinmardernachwuchses dem Verkehr zum Opfer fällt, bleibt der Mensch, direkt oder indirekt, ihr größter Feind.

Eine ganz andere und zunehmende Gefahr droht durch das Vordringen von konkurrierenden exotischen Arten (Neozoen), die durch den Menschen freigelassen wurden (ob wissentlich oder ungewollt) und sich jetzt in Europa verbreiten, wie der Mink, der Waschbär oder der Marderhund. Bereits gehen als Folge davon in gewissen Regionen Europas vermutlich die Bestände der einheimischen Kleinmarder zurück, wie des Waldiltisses, des Hermelins und vor allem des Europäischen Nerzes (siehe Themenkasten «Europäischer und amerikanischer Nerz – ein Neozoenproblem», S. 178/179).

4

Steinmarder

Hier haben wir den Ausnahmefall unter den fünf behandelten Arten. Nicht nur ist er überhaupt nicht gefährdet, sein Bestand nimmt sogar seit den 1970er-Jahren zu, manchmal auf geradezu spektakuläre Art und Weise. Die Zunahme begann in Dänemark, wo er damals recht selten war, aber die Entwicklung war schließlich in ganz Westeuropa die gleiche. Wiederum ein Zahlenbeispiel aus der Schweiz: Anfang der 1960er-Jahre wurden jährlich 600 Tiere erlegt, Ende der 1980er-Jahre wurden über 3000 Exemplare jährlich geschossen oder gefangen, 2009 waren es immerhin noch über 1500. Dieses Phänomen der Zunahme wurde auch andernorts in Europa registriert, die Art breitet sich weiterhin aus. Die Klimaerwärmung ermöglicht zudem wahrscheinlich ein weiteres Vordringen der Art in nördliche Länder. In allen Städten und Dörfern kommen Steinmarder vor (Abb. 3, 4), und er hat auch die Wälder wieder besiedelt, wo er sogar den Baummarder konkurrenzieren könnte. Möglicherweise haben wir hier das gleiche Phänomen vor uns, wie wir es von anderen Arten schon kennen: Diese Tiere gewöhnen sich nicht nur an die Anwesenheit des Menschen, sie profitieren sogar davon (Nahrung, Deckung, Wärme usw.). Weil sie, wie Ratten,

3 Die Anpassung an Siedlungen, nicht nur in ländlichen, ...

4 ... sondern auch in städtischen Gebieten, erlaubt dem Steinmarder eine teilweise starke Bestandszunahme.

5 Dem immer dichteren Verkehrsnetz zahlt auch der Iltis schweren Tribut. Auf Straßen in der Nähe von Gewässern, z. B. bei Brücken, oder in Waldstücken mit Wildwechsel, ist die Gefahr besonders groß. Kleintierpassagen entschärfen die Situation.

5

Rabenvögel und andere Tiere, «intelligent» genug sind, die gleichzeitig vom Menschen ausgehenden Gefahren zu meiden, haben sie große Chancen, dabei zu gewinnen. Das geht aber im beschriebenen Fall nicht ohne Nachteile für den Menschen ab (siehe Themenkasten «Steinmarder und Mensch – eine eher schwierige Beziehung», S. 156 ff.).

Baummarder

Wo Untersuchungen vorhanden sind, deuten diese darauf hin, dass der Baummarder, solange große Waldgebiete vorhanden sind, meist nicht gefährdet ist. Er ist ein Generalist, dessen Populationen nie sehr hohe Dichte erreichen. Dennoch haben Fallenfang, Entwaldung und Zerstückelung (Fragmentierung) des Lebensraums Wald in manchen Gegenden Europas zu einem langsamen Bestandsrückgang geführt.

So ist der Baummarder in Holland ziemlich selten geworden, in Großbritannien war er praktisch verschwunden, der Bestand nimmt aber wieder zu. In den südlichen Alpengebieten (Tessin, Italien) scheint er ebenfalls auf dem Rückzug zu sein. Wo noch starker Fallenfang zur Fellgewinnung betrieben wird (zum Beispiel in Russland), kann dieser Marder auch in seinen Kernlebensräumen Probleme bekommen. Wenn Wälder von Straßen mit dichtem Verkehrsaufkommen durchquert werden, wirkt sich das nachteilig auf den Baummarderbestand aus, einerseits weil vermehrt Tiere überfahren werden, andererseits weil die Tiere zögern, verkehrsreiche Straßen zu überqueren, wie wir selbst beobachten konnten. Die Kenntnis der Wildtier-Wanderachsen zwischen Waldgebieten und ihre Erhaltung, wo nötig Verbesserung und Wiederherstellung (Wildtierbrücken), ist für den Baummarder und für viele andere Wald bewohnende Arten wichtig.

Iltis

Der Iltis reagiert empfindlicher auf Lebensraumveränderungen als die beiden Marderarten. Er ist spezialisierter und hatte früher einen besonders schlechten Ruf. Er wurde lange wegen seiner vermeintlichen Schädlichkeit und wegen seines Fells verfolgt. Zudem ist er aufgrund seiner hauptsächlichen Nahrung, der Amphibien, eng an Feuchtgebiete gebunden und hat sehr stark unter Meliorationen gelitten: unter der Kanalisierung und Eindolung von Bächen, Entwässerungen und anderen «Sanierungen» von Feuchtgebieten. So hat beispielsweise der Rückgang des Iltisbestands in der Schweiz, nimmt man die Jagdstatistiken als Hinweis, schon zwischen 1945 und 1950 eingesetzt. Infolge des gestiegenen Bewusstseins für Natur- und Umweltschutz wurden viele offene Abfalldeponien aufgehoben. Das wiederum hat an vielen Orten zu einem starken Rückgang des Wanderrattenbestands geführt, was seinerseits dem Iltis nicht förderlich war.

In gewissen landwirtschaftlich geprägten Gegenden, vor allem in England, verenden immer wieder Iltisse, weil sie Nager gefressen haben, in deren Körper antikoagulierend wirkende Rodentizide (Nagergifte) angereichert sind. Auch Mauswiesel und Hermelin sind von diesem Problem betroffen.

In letzter Zeit wird örtlich eine vermehrte Anpassung des Iltisses an den Außenbereich von Siedlungen festgestellt, wo das vorhandene Nahrungsangebot genutzt werden kann (Kleinsäuger, Komposthaufen mit Fleischresten und Kompostfauna usw.). Andrerseits lauern hier auch Gefahren, und häufig werden Iltisse nur bemerkt, weil sie Verkehrsopfer geworden sind (Abb. 5). Dennoch scheinen sich aber die Iltisbestände in gewissen Gegenden zu erholen: Der strenge Schutz der Art, aber auch ihrer Beute (Amphibien) und die Renaturierung von Feuchtgebieten nützen offenbar etwas.

6

6 Wegen ihrer Kleinheit werden nicht alle überfahrenen Hermeline (Bild) oder Mauswiesel auch gefunden. Bei neu gebauten Straßen sind die Verluste besonders hoch.

Hermelin und Mauswiesel

Dem Hermelin wurde früher ziemlich intensiv mit Fallen nachgestellt, um an sein weißes Winterfell zu kommen: Um 1930 wurden in Finnland gegen 30 000 Felle verkauft. Heute sind es eher die Lebensraumveränderungen und der Beutemangel, die seine Bestandszahlen nach unten drücken.

Die beiden Wiesel sind Nahrungsspezialisten und hängen stark vom Vorhandensein von Kleinnagern ab. Dies so sehr, dass wir in bestimmten Jahren in einer einzigen Saison bis zu siebzig Hermeline individuell kennzeichnen konnten, während zwei Jahre später diese Zahl, über das ganze Jahr gerechnet, auf gerade noch drei Tiere geschrumpft war. Auch wenn es schwierig ist, die Bestände der beiden Wieselarten so gut zu erfassen, dass daraus zuverlässige Aussagen über langfristige Bestandsentwicklungen abgeleitet werden können, weisen die Erfahrungen verschiedener Fachleute auf einen gebietsweise beträchtlichen Rückgang beider Arten in den letzten Jahrzehnten hin. Mögliche Ursachen dafür sind der Verlust von optimalen Lebensräumen oder landwirtschaftliche Praktiken (großflächige Intensivkulturen, Mäusebekämpfung), die sich negativ auf die Bestandsdichte von Beutegreifern auswirken. Darauf lässt ein Vergleich zwischen französischem und schweizerischem Jura schließen: Im französischen Jura, wo die Veränderungen weniger rasch ablaufen, scheint sich die Hermelin- und Mauswieseldichte auf einem viel höheren Niveau zu halten als im schweizerischen Jura (auf vergleichbarer Meereshöhe). Aber auch die Verluste durch den Verkehr auf einem immer dichteren Straßennetz dürfen nicht unterschätzt werden (Abb. 6). So hat eine Umfrage in der sehr stark urbanisierten Umgebung von Genf eine deutliche Verminderung der Beobachtungshäufigkeit zwischen dem Beginn des 20. Jahrhunderts und heute ergeben.

Der flächenmäßige Rückgang von Wiesen durch die Verstädterung und die Zerstückelung der Landschaft durch das dichte Straßennetz scheinen die Hauptursachen für den Rückgang der Marderartigen (mit Ausnahme des Steinmarders) zu sein.

Themenkasten

Steinmarder und Mensch – eine eher schwierige Beziehung

7 Ein junger Steinmarder ist in seinem Nest (im Isoliermaterial eines Gebäudes) verendet.
8 Marderschaden an einem Isolierschlauch: Die Dimensionen der Zahnspuren lassen auf einen Steinmarder schließen.
9 Unter Motorhauben finden Steinmarder oft Unterschlupf und zerbeißen dort Kabel und Leitungen.

7

Für gewöhnlich zeugt nur eine Ansammlung von spindelförmigen trockenen Kothäufchen in einer Ecke des Gebälkes von der Anwesenheit der Steinmarder auf einem Dachboden (S. 88, Abb. 3). Gelegentlich machen sie sich aber durch andere Missetaten bemerkbar. Die modernen Isoliermaterialien sind nämlich ein wunderbarer Ersatz für die früheren Stroh- und Heuhaufen, die immer wieder als Schlafgelegenheiten dienten (Abb. 7). Gerade Scheunen, die zu Wohnungen umgebaut wurden, sind anfällig für solche nicht gerade geschätzten Besuche. Um sie zu vermeiden, reicht es in der Regel, alle als Marderzugänge denkbaren Schlupflöcher (mit über drei bis vier Zentimeter Durchmesser) abzuschotten, beispielsweise mit einem verschweißten, feinen Maschengitter. Die Wirksamkeit der oft angepriesenen Abschreckungsmittel wie Naphthalin oder Ultraschallgeräte bleibt hingegen oft bescheiden und auf jeden Fall zeitlich begrenzt.
Die Steinmarder haben aber die öffentliche Aufmerksamkeit seit Ende der 1970er-Jahre vor allem durch die Unsitte auf sich gezogen, sich an Kabeln, Kühlwasserschläuchen, Isolationshüllen und anderen Leitungsteilen von Fahrzeugen zu vergreifen (Abb. 8). Es gibt jedoch keine gesicherten Berichte über Schäden an Brems- und Benzinleitungen oder an Autoreifen, und Hartteile scheinen völlig uninteressant zu sein. Trotz mehrerer Studien sind die Ursachen des Phänomens noch wenig klar. Weder die chemische Zusammensetzung des Materials, noch seine Temperatur oder sein Geruch konnten als

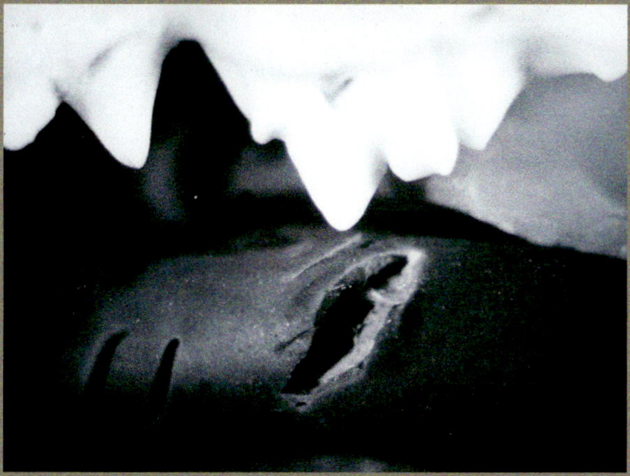

8

9

Auslöser bestätigt werden. Man weiß, dass Marder, vor allem Jungtiere, genauso wie Hunde- oder andere Welpen gerne auf Gegenständen in ihrer Umgebung herumkauen. Dabei handelt es sich teilweise um ein Erkundungs- und Spielverhalten, das in erster Linie dazu dient, die Essbarkeit der verschiedenen Materialien zu testen.

Fahrzeuge sind dank ihrer starken zahlenmäßigen Zunahme in den letzten Jahrzehnten für Steinmarder ein selbstverständlicher Bestandteil ihres städtischen Lebensraums geworden. Es gibt für diese Tiere offensichtlich keinen Grund, sie nicht in ihre Streifzüge einzubeziehen oder als Unterschlupf zu nutzen (Abb. 9). So haben wir beobachtet, wie ein Steinmarder Nacht für Nacht über ein im Freien parkiertes Auto kletterte (erkennbar an den regelmäßig hinterlassenen Fußspuren auf Motorhaube und Frontscheibe, Abb. 10) und diese Gewohnheit auch dann nicht aufgab, als an der gleichen Stelle ein Unterstand für das Auto gebaut worden war. Als der Steinmarder eines Abends überrascht wurde, zog er sich sogar eilig unter das Auto zurück. Wenn ein Zugang zu genügend großen Räumen unter der Motorhaube vorhanden ist, findet das Tier hier attraktive Unterschlupfmöglichkeiten. Jungtiere, welche die Umwelt in Begleitung ihrer Mütter erkunden, übernehmen entsprechende Verhaltensweisen sehr schnell.

Unter allen Mitteln und Mittelchen, die angepriesen werden, um Marderschäden an Autos zu vermeiden, scheinen nur die wiederholte Anwendung von Abschreckungssprays, der

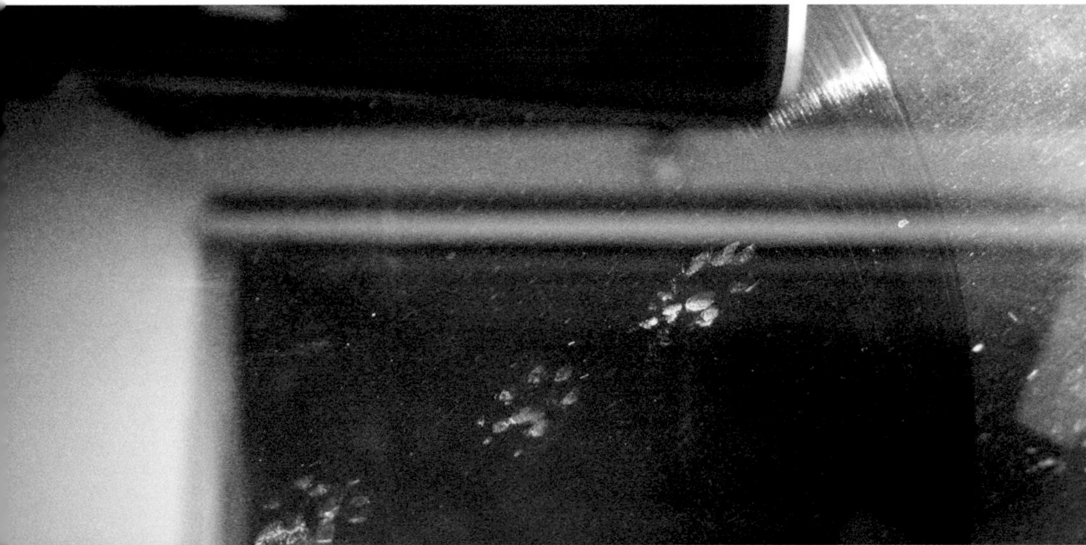

10

10 Fast jede Nacht spazierte dieser Steinmarder über die Autoscheibe und hinterließ seine charakteristischen Spuren, ohne je Schaden anzurichten.

hermetische Verschluss von Zugängen zum Motorraum und vor allem (geschlossene!) Garagen wirklich etwas zu nützen. Beschränkte Wirkung hat auch das Einpinseln von potenziell benagbaren Teilen mit Karbolineum, gebrauchtem Motorenöl oder anderen, im Verkauf erhältlichen Mitteln.

Manchmal nützt das Umplatzieren des Autos etwas, wenn möglich an Stellen, die nicht in der Nähe von für Marder attraktiven Umweltelementen, wie offene Scheunen oder kleine Wäldchen, liegen. Das Wegfangen des Tieres und das anschließende Aussetzen in einem Wald, so weit wie möglich vom Fangort entfernt, kann in Einzelfällen von Erfolg gekrönt sein, ist aber dennoch kaum sinnvoll, da die entstandene Lücke mit größter Wahrscheinlichkeit früher oder später durch einen anderen Marder ausgefüllt wird. Die dadurch ausgelösten Revierstreitigkeiten können die Neigung zum Benagen der Autoteile sogar erhöhen.

Gemäß einer nicht offiziellen Quelle sollen sich die Steinmarderschäden in der Schweiz auf jährlich gegen zehn Millionen Franken (zirka sieben Millionen Euro) belaufen. Das wären die zahlenmäßig höchsten Wildschäden, viel höher als die Schäden, die durch Huftiere oder Großraubtiere verursacht werden.

Vergessen wir bei all dem aber nicht, dass andererseits der Verkehr von Steinmardern und anderen Musteliden, und mit ihnen von ganz vielen anderen Kleintieren, einen hohen Tribut fordert und jährlich Tausende auf unseren Straßen umkommen (Abb. 5, 6).

11

Auf die Schliche kommen

Nachweis, Fang und Forschungsmethoden

Aus der Grundlagenforschung gibt es zahlreiche Untersuchungen zur Biologie der Musteliden, die mit Fang, Analyse des Nahrungsspektrums und Telemetrie gearbeitet haben. Darüber hinaus wurden in Europa verschiedentlich Methoden zu Nachweis und Monitoring (Bestandsüberwachung) von Kleinkarnivoren getestet. Konkret sind das:

Umfragen

Eine Umfrage stützt sich im Fall von Kleinkarnivoren vor allem auf Rückmeldungen von Naturliebhabern mit vertieften Kenntnissen, von Jägern oder von Personen, die beruflich in und mit der Natur zu tun haben, sei es in Forstwirtschaft, Landwirtschaft, Wildhege, Straßenbau usw., sowie von Biologinnen und Biologen, von Präparatoren und Präparatorinnen. Sie alle können Hinweise auf die Anwesenheit der Arten sammeln. Es handelt sich also um eine passive Naturüberwachung. Dabei wird versucht, möglichst genaue Daten zu erhalten (Angaben zu Beobachter, Datum, Ort, Koordinaten, Höhe über Meer usw.). Die Zuverlässigkeit von Umfragen hängt stark von der Qualität der gemeldeten Beobachtung und Daten ab:

Sichere Daten lassen sich, bei allen Arten, erheben über:

- Fallwild (Straßenverkehr und andere Quellen)
- gut beschriftete präparierte Tiere oder Schädel (z. B. Museumsbelege)
- Lebendfang
- gute und sicher datierte Fotografien
- sichere Beobachtungen

Wahrscheinliche Daten liefern:

- Kot und Ort seiner Ablage (Fotobelege mit Maßstab!)
- Geruch des Kots (bei den beiden Marderarten)
- Spuren und Fährten (Fotobelege mit Maßstab!)
- flüchtige Beobachtungen durch Fachleute
- Beobachtungen durch Nichtfachpersonen (Hermelin und Mauswiesel)
- bestimmte Fraßreste (Froschlurche beim Iltis)
- Schrei (Gekreisch des Steinmarders in der Siedlung)

Unsichere Daten liefern:

- Bau/Lager/Nest (bei den beiden Wieselarten)
- Nahrungsreste (bei den beiden Wieselarten)
- Kot (beim Iltis und den Mardern, wenn ohne Orts- und Geruchshinweise)

Dabei ist in der Regel eine Nachprüfung oder Beurteilung durch Fachleute unerlässlich. Gerade auch Freilandbeobachtungen müssen sehr vorsichtig interpretiert werden, wenn es sich nicht gerade um ein Hermelin im Winterkleid handelt.

Jagdstatistik, Fallwildstatistik

Die jährlichen Erhebungen über die auf der Jagd erlegten (bei jagdbaren) oder die tot aufgefundenen (oft überfahrenen) Tiere können als Hinweis für die Populationsentwicklung beigezogen werden (Zu- oder Abnahme). Sie geben aber keine Auskunft über den effektiven Bestand.

Leider werden solche Statistiken nicht immer regelmäßig und systematisch, das heißt mit standardisierten Methoden, erhoben. Weil die Artunterscheidung bei Musteliden für Nichtfachleute schwierig ist, sind die Daten oft nicht sehr vertrauenswürdig. Die beiden Marderarten und die beiden Wieselarten werden bei der Meldung oft nicht unterschieden.

Gezielte Erhebung von Anwesenheitszeichen und -spuren

Beweise der Anwesenheit einer Art – Fußspuren auf Schlamm oder Schnee, Kot, Baue usw. – können im Feld systematisch erhoben werden, zum Beispiel entlang eines Transsekts (Erhebungen entlang einer geraden Linie). Damit erhält man vor allem Hinweise über Anwesenheit oder allenfalls Fehlen von Musteliden. Aufgrund von Versuchen in der Schweiz auf einer Testfläche von einem Quadratkilometer hat sich gezeigt, dass es ratsam ist, eine Sommeruntersuchung (mit einer Suchzeit im Feld von sechs bis acht Stunden) und eine Winteruntersuchung, möglichst auf Schnee (mit einer Suchzeit im Feld von fünf bis sieben Stunden), zu kombinieren. Liegt kein Schnee, können anstelle von Schneetracking andere Feldmethoden eingesetzt werden. Ergänzend können bei Wildhütern und Anwohnern Informationen gesammelt werden.

1

1 Spurentunnel in der Nähe einer Steinmauer.

Spurentunnel

Die Spurentunnel-Methode wurde ursprünglich in England für den Wieselnachweis entwickelt und unter anderem in der Schweiz für die Anwendung bei weiteren kleinen Musteliden verbessert. Sie besteht darin, Holz- oder Metalltunnel (Abb. 1, siehe auch die Kapitelaufschlagseite) an Stellen zu platzieren, an denen mit hoher Wahrscheinlichkeit Musteliden vorbeikommen (Waldränder, Feuchtgebiete, Hecken, Gräben, Steinmauern, Steinhaufen usw.). Im Tunnel befinden sich Laufbrettchen, auf denen in der Mitte ein «Stempelkissen» mit einer speziellen Tinte montiert ist, auf jeder Seite daran anschließend je ein mit einem Fixiermittel imprägniertes Spurenpapier (Abb. 2). Tiere, die durch den Tunnel laufen, benetzen sich die Pfoten mit der (ungiftigen) Tinte und hinterlassen dann auf den Spurenpapieren Abdrücke ihrer Zehen- und Sohlenballen (Abb. 3). Der wichtigste Vorteil dieser Methode (zum Beispiel im Vergleich zu Schneespuren) ist, dass die Pfotenabdrücke auch Details festhalten und in der ursprünglichen Größe über längere Zeit erhalten bleiben. Deshalb müssen sie nicht täglich kontrolliert werden.

2 3

2 Kontrolle der Spurenpapiere, die auf dem Laufbrettchen des Spurentunnels an das Tintenkissen anschließen.
3 Hier wurde auf den Spurenpapieren der Besuch eines Hermelins registriert. Aber auch sein Futter war schon da: zwischen den Hermelinspuren die feinen Fußabdrücke von Wühlmäusen.

Die Bestimmung der Spuren erfolgt dann aufgrund ihrer Größe und Form. Auch bei dieser Methode hat nicht jeder Abdruck die gleiche Qualität, von der schließlich die Möglichkeit und Zuverlässigkeit der Bestimmung abhängt. Sie liefert aber insgesamt so detaillierte Ergebnisse, dass es uns möglich war, Hermelin und Mauswiesel oder Iltis und Steinmarder zu unterscheiden. Die Überprüfung der Ergebnisse zeigte, dass die Methode tauglich ist, um die Anwesenheit und das wahrscheinliche Fehlen der kleinen Arten (Mauswiesel, Hermelin und Iltis) auf effiziente Art festzustellen. Der Steinmarder beläuft die Spurentunnel weniger regelmäßig, der Baummarder nur selten.

Spurentunnel zählen zu den «nicht-invasiven» Methoden, das heißt, das Tier wird nicht gestört: Es zirkuliert frei durch die Tunnel, ohne den Stress eines Lebendfangs. Nebenbei werden auf den Spurenpapieren auch die Pfotenabdrücke zahlreicher kleiner Nagetiere festgehalten und unterschieden, die zur Beute der Kleinkarnivoren zählen. (Die Ergebnisse ermöglichten die Zusammenstellung der Bestimmungstabelle «Säugetiere der Schweiz – Bestimmungsschlüssel», vgl. Literaturverzeichnis.)

4

Erwähnt sei hier auch die kürzlich in Deutschland entwickelte Haarfalle, die ähnlich funktioniert wie die Spurentunnel. Dem durch den Tunnel laufenden Wiesel werden dabei durch eine Spiralfeder einige Haare ausgerupft, die anschließend unter dem Mikroskop grob bestimmt und einer Genanalyse zugeführt werden können, die im Prinzip ermöglicht, Arten und sogar Individuen zu unterscheiden. Allerdings fehlen bis jetzt Erfahrungen aus ausgedehnter Feldanwendung, zudem sind Genanalysen kostenintensiv.

4 Lebendfang mit Fallen aus Kunststoffrohren (Hermelin, Mauswiesel) erfordern täglich mehrmalige Kontrollen, um Risiken für die Tiere zu minimieren (Kälte, Nahrungsmangel).

Lebendfang

Der Lebendfang in Kasten- oder Röhrenfallen (Abb. 4) wird in größerem Ausmaß nur in Kombination mit umfangreicherer Grundlagenforschung eingesetzt, zum Beispiel um Tiere mit Sendern zu versehen. Er ist aufwändig: Um Stress oder gar Verluste bei Tieren zu vermeiden, müssen die Fallen mehrmals täglich (respektive während der Nacht) kontrolliert und allenfalls mit Kälteschutz und Nahrungsangebot ausgerüstet werden.

5 6

5 Mit Fotofallen gelingt es, einige Geheimnisse aus dem Leben der Marderartigen (und vieler anderer Wildtiere) zu lüften.

6 Bei der Peilung eines Baummarders: Antenne und Empfänger erlauben sowohl tagsüber als auch nachts, einem Tier zu folgen oder es zu lokalisieren.

Fotofallen

Es gibt mittlerweile verschiedene Modelle von automatisierten Fotoapparaten (Fotofallen) (Abb. 5), mit denen Tiere festgestellt werden können, die einen ganz bestimmten Ort aufsuchen. Ein oder mehrere Apparate werden, je nach Verhalten der erwarteten respektive angepeilten Arten, im Gelände angebracht. Die Geräte sind auf einem festen Untergrund (Baum, bauliche Struktur, eventuell eingerammter Pflock) montiert. Das vorbeilaufende Tier löst den Verschluss über eine Fotozelle automatisch aus. Im Vergleich zu Apparaten mit Negativfilmen sind digitale Geräte leichter zu handhaben, vermutlich aber empfindlicher gegenüber der Witterung.

Fotofallen eignen sich für Steinmarder und vor allem Baummarder, etwas weniger geeignet sind sie für Iltisse. Bei den beiden Wieselarten ist die Fotofallen-Methode hingegen wenig ergiebig, weil die Auslöser zu langsam auf die flinken Tiere reagieren, mindestens derzeit noch. Bei aller Faszination für das Resultat sollten Fotofallen nur für wissenschaftliche oder andere genau definierte Untersuchungen eingesetzt werden, denn ein ausufernder Einsatz würde zu unverantwortlichen Störungen der Tiere oder ihrer natürlichen Lebensräume führen.

7 Hermelin mit Sender, dessen Reichweite etwa einen Kilometer beträgt.

Telemetrie

Die Telemetrie ist eine Technik, die im Wesentlichen auf dem gleichen Prinzip beruht wie die Funkpeilung in der Schifffahrt (Orten von Schiffen auf offenem Meer). Sie erlaubt, ein Tier aus der Ferne, ohne es zu stören, zu verfolgen. Dazu wird am Tier ein Miniatursender befestigt, mit einem Halsband oder als Implantat im Körper, der das Tier nicht beeinträchtigen darf (Abb. 7). In ausreichender Entfernung vom besenderten Tier werden nun die Signale mittels einer Antenne und eines Empfängers registriert (Abb. 6) und dabei die genaue Richtung festgestellt, aus der sie kommen. Mittels Triangulation kann dann der Schnittpunkt der auf verschiedenen Standorten erfassten Signalrichtung bestimmt werden, am Schnittpunkt befindet sich das Tier. Die unterschiedliche Stärke und Richtung der Funksignale liefern zahlreiche Informationen über Aktivitätsrhythmus, zurückgelegte Strecken, Tages- oder Nachtverstecke, Lebensräume und darin genutzte Stellen eines Individuums. Die Lautstärke des gesendeten Signals (das bei Handpeilung als Piepton wahrgenommen wird) erlaubt die Distanzschätzung, die Variation der Lautstärke gibt Hinweise darauf, ob das Tier in Ruhestellung ist (regelmäßiges Signal) oder sich bewegt (unterschiedliche Lautstärke).

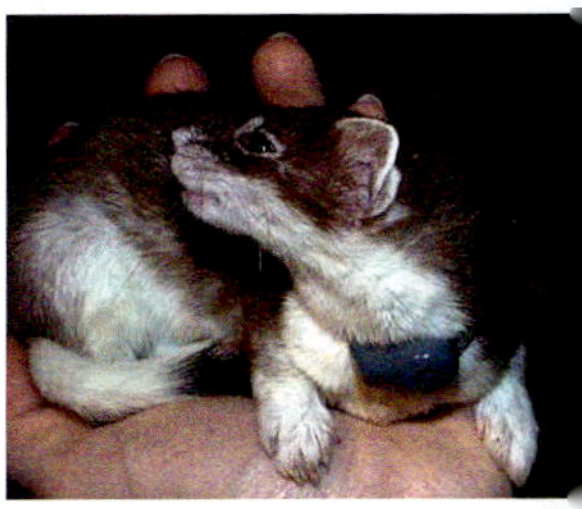

7

Bei großangelegten Untersuchungen von Tieren, die genügend starke Sender zu tragen vermögen – beispielsweise Eisbären, Hirsche oder Delfine –, kommen auch Flugzeuge und Satelliten zum Einsatz. Die Sender sind oft mit GPS versehen, das über Satellit die Position des Tieres auf den Computer meldet. Dabei können die Sender mit verschiedensten Sensoren verbunden werden, die zum Beispiel die Körpertemperatur oder die Herzschlagfrequenz des Tieres messen. Neben Fortbewegungsgeschwindigkeit, Tauchtiefe oder Lautäußerungen werden über Mikro-Videokameras bald auch Aufnahmen der Umgebung des besenderten Tieres möglich sein.

Themenkasten

Mit Fallen und Sendern | Bettina Schmitt

8 Ob Erdboden oder Schnee: Kein anderer Mustelide lebt so viel unter der Oberfläche wie das Mauswiesel.

Endlich ein Mauswiesel in der Falle, das stark genug sein würde, den Telemetriesender mit 2,6 Gramm Gewicht zu tragen! Der Rüde wiegt etwas mehr als siebzig Gramm, er ist schnell betäubt, und der Halsbandsender wird – es ist der erste Versuch – mit zittrigen Fingern befestigt. Die Spannung steigt, als das Tier aus der Narkose erwacht und flink im Gras verschwindet. Allerdings ohne Sender, denn dieser fällt nach wenigen Metern zu Boden: Der Kabelbinder war nicht fest genug zugezogen. So ein Ärger! Erfolglos auch der zweite Versuch bei einem anderen Tier wenige Tage später; immerhin konnte sich dieses Mauswiesel erst am Eingang des nächsten Mauselochs des Senders entledigen. Beim dritten Versuch stimmt dann alles, der Halsbandsender sitzt und bleibt.

Wer es endlich geschafft hat, den Sender zu befestigen, wird belohnt mit erlebnisreichen Telemetrietagen und hochinteressanten Details aus dem Leben unseres kleinsten Karnivoren.

Mein schönstes Erlebnis datiert vom September 2004: Ich hatte einige Tage zuvor einen starken Rüden besendert, der sich hauptsächlich in einem Gebiet mit Weinbergbrachen bei Trier aufhielt. Bei schönem Wetter und angenehmen Temperaturen konnte ich das Signal am frühen Abend in einer niedrigen Weinbergmauer orten. Da das Tier inaktiv zu sein schien, setzte ich mich auf den Weg vor der Mauer und wartete. Kurze Zeit später wurde das Signal unregelmäßiger, und ich rechnete jeden Augenblick damit, wie so oft zuvor, ein kleines spitzes Gesicht aus der Mauer hervorlugen zu sehen. Das sah ich dann tatsächlich auch, allerdings gehörte es zu meiner Verwunderung einem wesentlich kleineren Wiesel ohne Sender! In kurzer Folge zeigten sich anschließend sowohl mein besenderter Rüde als auch ein weiteres großes Wiesel. Es herrschte viel Aktivität, und eine Art Gurren drang aus der Mauer. Es handelte sich hier anscheinend um eine friedliche Zusammenkunft mehrerer dieser ansonsten als eher einzelgängerisch beschriebenen Karnivoren! Das gleiche Schauspiel bot sich mir übrigens zwei Tage später an gleicher Stelle.

Ein Zusammentreffen von Mauswieseln verläuft aber nicht immer so friedlich: Im Juni 2005 verfolgte ich ein besendertes Männchen durch eine blühende Sommerwiese. Die Sonne schien, alles war friedlich, als wenige Meter entfernt am Rand eines Feldweges lautes Zetern und Keifen aus dem Gras drang. Plötzlich kullerten zwei ineinander verkeilte Wiesel auf den Weg – mein Männchen und ein kleineres Tier (ein Weibchen?) – und es stank bestialisch, als beide im Eifer des Gefechts ihre Analdrüsen entleerten. Dann noch eine kurze Verfolgung, und die Wege der beiden trennten sich wieder.

8

Erstaunlich war immer wieder, wie nah man den besenderten Mauswieseln kommen konnte, ohne bemerkt zu werden. Mehrmals wuselten die Tiere zwischen meinen Beinen hindurch, wenn ich mit meiner Antenne zufällig (und unbeweglich) im Weg stand. Insbesondere Straßenüberquerungen boten Gelegenheit zu häufiger Sichtung, wobei ich mich aber in der Regel weiter entfernt aufhielt: Das Tier machte stets mehrere Vorstöße innerhalb kurzer Zeit, zunächst wenige Zentimeter in den Weg hinein, dann bis zur Hälfte und kehrte jedes Mal blitzschnell wieder um. Vielleicht tat es dies, um zu testen, wie weit die zu überwindende Distanz ohne Deckung bis zum rettenden Ufer war. Schließlich wurde der Weg mit einem schnellen Sprint überquert, was man nur sah, wenn man zufällig auf die entsprechende Stelle schaute.
Hohe Geschwindigkeit bei der Fortbewegung ist keine Seltenheit bei Mauswieseln. So brachte mich im Juni 2004 ein Tier ins Schwitzen, das eine sehr steile Weide

hinaufkletterte – was natürlich die Neugier der dort stehenden Pferde weckte. Auch können in einer Aktivitätsphase durchaus mehrere Kilometer Distanz überwunden werden, was für ein solch kleines Tier schon erstaunlich ist. Während die Aktivität in den warmen Monaten zumindest tagsüber sehr hoch ist, nimmt sie in der kalten Jahreszeit rapide ab, was nicht verwunderlich ist, da das Mauswiesel aufgrund seiner Körpergröße nicht zu viel Energie vergeuden darf.

Ein Wiesel bei der Jagd zu beobachten beziehungsweise zu belauschen, ist eine außerordentliche Erfahrung. In der Regel hört man nur den charakteristischen Todesschrei der Maus; wenn man Glück hat, erlebt man auch eine Verfolgungsjagd. Während die erfolgreichen Jäger die Angewohnheit haben, ihre Beute noch in deren eigenem Bau zu verzehren und anschließend dort zu verdauen, konnte ich im Mai 2004 ein besendertes Tier dabei beobachten, wie es am Waldrand eine Rötelmaus erbeutete, die es sogleich in einer kleinen Höhle zwischen Baumwurzeln versteckte. Anschließend lief es weiter. Im August 2005 war ich Zeuge, wie ein Wiesel auf einer kleinen, aufgegebenen Tännchenplantage innert weniger Stunden mindestens sechs Mäuse tötete. Dabei erwies sich das Tier als Feinschmecker, der jeweils nur den Hinterkopf der Maus aufnagte (Knuspergeräusche), um an das Gehirn zu gelangen, und den Rest liegen ließ.

In der Regel ist das Raubtier der Gewinner bei der Mäusejagd, aber es geht auch andersrum: Ich erlebte im Juli 2005 um die Mittagszeit, wie ein Wiesel vor einer sehr großen Wühlmaus flüchtete, die wohl eine Nummer zu groß war. Wiesel stehen natürlich nicht auf dem Speiseplan von Wühlmäusen. Sie haben aber viele Fressfeinde, wie der Fund eines Senders im November 2004 inmitten von mit Blut und Haaren beschmierten Blättern auf einem Baumteller am Waldrand beweist. Hier war wohl ein Greifvogel am Werk gewesen. Aber nicht nur diese stellen Wieseln nach: In Dorfnähe hatte es einmal auch eine Katze auf ein besendertes Tier abgesehen, das aber mit dem Leben davon kam.

Aufgrund ihrer versteckten Lebensweise sind Beobachtungen von Mauswieseln in freier Natur selten. Wer aber dennoch einmal das Glück hat, diesen sympathischen, aber wehrhaften kleinen Raubtieren zu begegnen, wird noch lange daran zurückdenken.

12

Mit gezielten Maßnahmen

Schutz und Förderung

Es gab immer auch Leute, die den Kleinkarnivoren einen großen Nutzen zubilligten, weil sie Mäuse, Ratten und Wühlmäuse dezimieren, in den Lebensgemeinschaften eine wichtige Rolle spielen und, wie alle Arten, ein Existenzrecht besitzen. Diese Sicht ist heute immer verbreiteter, und mehrere Musteliden, die selten geworden sind, wurden mittlerweile in vielen Ländern unter Schutz gestellt. Außer dem Mink sind alle kleinen Musteliden in Anhang III (geschützte Art) oder II (streng geschützte Art) der Berner Konvention aufgeführt. Der Europäische Nerz erscheint in Anhang IV der «EU Habitats & Species Directive» (Empfehlung auf strengen Schutzstatus), der Waldiltis und der Baummarder wurden in den Anhang V aufgenommen

1 Über alles Nützlichkeitsdenken hinaus: Es fällt nicht schwer, diesem Hermelin das Leben zu gönnen.

1

(Nutzung möglich, wenn sie der Erhaltung der Art nicht schadet). In der Roten Liste der IUCN (International Union of Conservation of Nature) wird der Europäische Nerz in der Kategorie «gefährdet» geführt, der Tigeriltis als «verletzliche» Art. In den «Roten Listen der gefährdeten Tierarten» der einzelnen Länder werden zum Teil weitere Arten aufgeführt (zum Beispiel Steppeniltis, Waldiltis, Mauswiesel).

Doch wie soll der Schutz konkret aussehen?

Fang und jagdliche Nutzung sollten im Prinzip der Vergangenheit angehören, allenfalls abgesehen von gezielten Ausnahmen beim sehr häufigen Steinmarder oder dem unerwünschten Mink. Die Vorzugslebensräume müssen ohne Wenn und Aber erhalten oder wieder aufgewertet werden: zum Beispiel Feuchtgebiete, Ufervegetation und Wälder entlang von Flüssen und Bächen, alte Bäume, Feldgehölze oder Sträucher mit Wildfrüchten, Altgras- und Hochstaudensäume aller Art. Eine gute Vernetzung zwischen den bevorzugten Lebensräumen ist für Musteliden sehr wichtig, denn sie erlaubt ihnen den Zugang zu guten Jagdgründen und anderen geeigneten Teilen des Lebensraums in ausreichendem Umfang und fördert

2

2 Neben Nahrung sind Kleinstrukturen (Asthaufen, Steinhaufen, Trockenmauern usw.) als Rückzugsgebiete und Nestorte wichtige Ressourcen für kleine Musteliden.

3 Auch deckungsreiche Flächen (Wiesen, Altgras, Brachstandorte) sind unerlässlich. Die Trockensteinmauer steigert die Attraktivität des Standortes.

den genetischen Austausch zwischen Populationen. Marderartige sind empfindlich gegenüber Umweltgiften, wie Schwermetallen, PCBs (Polychlorierte Biphenyle, chemische Chlorverbindungen, die seit 2001 weltweit verboten sind), die zu Unfruchtbarkeit führen können, oder Pestiziden.

Gegen die Verluste im Verkehr helfen spezielle Röhren und andere Durchgänge, die unter einer Straße durchführen. Solche Kleintierpassagen müssen aber gut platziert sein, nämlich dort, wo die Tiere die Straße regelmäßig queren. Lenkstrukturen müssen die Tiere zur Passage hinleiten. Dazu eignen sich vor allem Bäche mit natürlichen Ufern, aber auch Hecken, naturnah bewachsene Gräben, Asthaufen- oder Tümpelreihen (Iltis). Beidseits des Durchlasses brauchen die Tiere ruhige «Warteräume» mit guten Verstecken, zum Beispiel Ast- oder Steinhaufen, Holzstapel, liegende Baumstämme oder Baumstrünke. Bei großen Verkehrsträgern (Autobahnen, mehrspurige Bahnlinien), die für Wildtiere fast unüberwindbare Barrieren darstellen, entschärfen bauliche Maßnahmen wie Wildtierbrücken oder Wildtierunterführungen das Problem.

Interessanterweise gibt es bis anhin kaum konzentrierte und koordinierte Schutzprojekte und Förderprogramme für Kleinkarnivoren, mit

4

4 Niedere Verbuschung und Hochstaudenbereiche sind wertvolle Elemente im Lebensraum von Kleinkarnivoren.

Ausnahme der Wiederansiedlungsprojekte für den Europäischen Nerz (siehe Themenkasten «Europäischer und amerikanischer Nerz – ein Neozoenproblem», S. 178/179). Für die kleinsten Arten wurde in der Schweiz mit einem Förderkonzept und -programm für Wiesel unter Mittelland-Verhältnissen ein Anfang gemacht. Es setzt auf der Ebene der Population an, berücksichtigt die Metapopulationsstruktur (siehe Themenkasten «Metapopulationen bei Hermelin und Mauswiesel», S. 61/62) und verzichtet auf ungezielte Einzelmaßnahmen. Aufgrund einer sorgfältigen Analyse des Populationsraums werden nur dort Maßnahmen ergriffen, wo sie die Überlebenschancen der Populationen am ehesten verbessern können. Ein erstes Maßnahmenpaket innerhalb eines regionalen Förderprojektes besteht darin, in den besiedelten oder besiedelbaren Habitatflecken bisher fehlende oder ungenügende

5

Ressourcen bereitzustellen oder aufzuwerten (Ast- und Steinhaufen (Abb. 2), Trockenmauern (Abb. 3) für Rückzug und Aufzucht, extensiv genutzte Naturwiesen, deckungsreiche Brachstreifen, Altgrasflächen (Abb. 3), Hochstauden und Saumbereiche (Abb. 4) usw.). Das ebenso wichtige zweite Maßnahmenpaket muss für die optimale Vernetzung dieser Habitatflecke entlang von Bächen, Gräben, Hecken, Waldrändern usw. sorgen (Abb. 5). Zum Abschluss der Projekte wird mit Schneetracking und Spurentunneln überprüft, ob die neuen oder aufgewerteten Bereiche von den Tieren angenommen werden (Erfolgskontrolle).

Und vergessen wir nicht: Was den Musteliden zugutekommt, nützt immer auch vielen anderen Tieren.

5 Schließlich ist das Deckungsangebot entlang von Vernetzungsachsen vor allem für die Wiesel, aber auch für den Iltis entscheidend.

Themenkasten

Europäischer und amerikanischer Nerz – ein Neozoenproblem | Marie-des-Neiges und René Rosoux-de Bellefroid

6/7 Neben dem Fischotter sind die Nerze (links Mink, rechts Europäischer Nerz) am engsten ans Wasser gebunden und auf entsprechende Lebensräume angewiesen.

6

Der Europäische Nerz ist ursprünglich eine typische Art der deutsch-baltischen Niederungen. Das Vorkommensgebiet reichte von Niedersachsen, den baltischen Staaten und Finnland bis zum Ural und dem Schwarzen Meer. In Frankreich wurde er im frühen 19. Jahrhundert entdeckt und kam bis zu Anfang des 20. Jahrhunderts fast im halben Land vor. In Spanien ist er seit 1951 dokumentiert. Er ist eines der seltenen Raubtiere, von denen angenommen werden darf, dass sie immer nur in Europa vorkamen (endemische Art).

Heute ist er in achtzig Prozent seines Verbreitungsgebietes verschwunden (S. 37, Abb. 13) und im ganzen verbleibenden Gebiet vom Aussterben bedroht. Die Bedrohungsursachen sind vielfältig und oft direkt oder indirekt an menschliche Aktivitäten gebunden: Nachstellung durch Fallen, unbeabsichtigter Fang in Fischereieinrichtungen, Verkehrsopfer, Ansiedlung des genetisch nah verwandten amerikanischen Nerzes. In den französischen Populationen bedeutet die sehr schmale genetische Variabilität eine weitere Bedrohung, die den Europäischen Nerz gegenüber Umwelteinflüssen, Krankheiten und Bioziden besonders anfällig macht. In allen Ländern, in denen er noch vorkommt, ist er gesetzlich geschützt. In Spanien, Frankreich und Deutschland laufen Wiederansiedlungsprojekte, so seit 2006 im Saarland (Deutschland). Andere Projekte, welche die Stärkung bestehender Bestände zum Ziel haben, sind in Prüfung oder am Laufen.

Der Mink (oder Amerikanische Nerz) wurde seit Anfang des 20. Jahrhunderts seines Fells wegen nach Europa gebracht. In Frankreich zum Beispiel entstanden die ersten Zuchten 1926. Zahlreiche Individuen konnten in der Folge aus den Zuchtgehegen entkommen – oder sie wurden absichtlich in freier Natur ausgesetzt. Hier konnte der Mink in Europa frei lebende Bestände aufbauen (S. 37, Abb. 13).

7

In den meisten europäischen Ländern wird der Mink als invasive und schädliche Art betrachtet. Man geht davon aus, dass er eine Gefahr für den einheimischen Nerz darstellt. In Frankreich und Spanien wurden Kampagnen lanciert, um ihn wieder auszurotten.

Die Konkurrenz zwischen den zwei Nerzarten

Die ökologischen Ansprüche des Minks liegen nahe bei denen der einheimischen Art und er wählt die gleichen Habitate. So kann es an den Orten, an denen beide Arten gleichzeitig vorkommen, zu Konkurrenz kommen: Der Amerikanische Nerz hat einen etwas kräftigeren Körperbau und ist der europäischen Art beim Beutemachen überlegen. Bei direkten Begegnungen können Konflikte auftreten und den Fortpflanzungserfolg des Europäischen Nerzes vermindern. Allerdings zeigen Versuche in Gefangenschaft, dass sich die beiden Arten eher ausweichen. Genetisch unterscheiden sie sich sogar so weit voneinander, dass heute Bastardisierung (Kreuzung zwischen Arten oder Unterarten) ausgeschlossen wird. Der Waldiltis dagegen ist viel näher mit dem Europäischen Nerz verwandt. Kreuzungen zwischen Iltis und Europäischem Nerz in freier Wildbahn sind denn auch gar nicht so selten.

Heute gelten unter Naturschutzbiologen Seuchen als wahrscheinliche Ursache für den rapiden Bestandsrückgang des Europäischen Nerzes, namentlich die Aleutenkrankheit ADV (Aleutean Desease Virus), die sich mit beträchtlicher Geschwindigkeit in den natürlichen Vorkommensgebieten der zwei Nerzarten ausbreitet.

8 Mit diesem Hermelin verabschieden sich Marder, Iltis, Nerz und Wiesel hier … und laden ein zur Begegnung in freier Natur.

Ausblick

Wir haben in diesem Buch einige Ausschnitte aus dem meist ziemlich heimlichen Leben der kleinen Musteliden in Europa vorgestellt. Wir haben gesehen, welche wichtige Rolle diese Säugetiere in den natürlichen Lebensgemeinschaften spielen. Wir haben auf die absurden Vorurteile hingewiesen, die früher über diese Tiere zirkulierten – und hoffentlich die letzten Reste davon entkräftet. Und wenn das eine oder andere Mal ein Huhn oder ein Kaninchen ihre Menükarte bereichert, so bleibt dieser Schaden winzig, verglichen mit dem Nutzen, den die passionierten Wühlmausjäger für landwirtschaftliche Kulturen bedeuten oder innerhalb von Siedlungen durch die Dezimierung von Ratten, Mäusen oder manchmal einer überzähligen Stadttaube bringen. Musteliden verdienen unsere Aufmerksamkeit und brauchen unseren Schutz!

Wer das Glück hat, einen Marder, ein Hermelin oder gar ein Mauswiesel in freier Natur zu beobachten, wird die Schönheit und die Eleganz dieser Tiere sein Leben lang nicht mehr vergessen.

8

Anhang

Weiterführende Literatur und Quellen (Auswahl)

Aulagnier, S., Haffner, P., Mitchell-Jones, A.J., Moutou, F., Zima, J. (2009). *Die Säugetiere Europas, Nordafrikas und Vorderasiens. Der Bestimmungsführer*. Haupt, Bern.

Bang, P., Dahlström, P. (2009). *Tierspuren. Fährten, Fraßspuren, Losungen, Gewölle u. a.* BLV, München.

Bellefroid, M.-N., Rosoux, R. (2005). *Le vison d'Europe*. Eveil nature, Collection Approche No. 38. Belin, Paris.

Braun, M., Dieterlen, F. (2005). *Die Säugetiere Baden-Württembergs*. Bd. 2. Ulmer, Stuttgart.

Griffiths, H. I. (Hrsg.) (2000). *Mustelids in a modern world. Management and conservation aspects of small carnivore: human interactions*. Backhuis, Leiden.

Grimmberger, E., Rudloff, K. (2009). *Atlas der Säugetiere Europas, Nordafrikas und Vorderasiens*. Natur und Tier, Münster.

Hausser, J. (Hrsg.) (1995). *Säugetiere der Schweiz. Verbreitung Biologie Ökologie*. Birkhäuser, Basel/Boston/Berlin.

Herrmann, M. (2004). *Steinmarder in unterschiedlichen Lebensräumen*. Ökologie der Säugetiere, Bd. 2. Laurenti, Bielefeld.

King, C. M., Powell, R. A. (2006). *The Natural History of Weasels and Stoats: Ecology, Behavior, and Management*. Oxford University Press, New York.

Ludwig, B. (1999). *Von Mardern und Menschen. Das Buch der Steinmarder*. Tecklenborg, Steinfurt.

Ludwig, B. (2009). *Frettchen konkret. Kennenlernen – verstehen – artgerecht halten*. Manfred Hennecke, Remshalde.

Marchesi, P., Lugon-Moulin, N. (2004). *Landsäugetiere des Rhonetals*. Wallis/Waadtländer Alpen. Rotten, Visp.

Marchesi, P., Blant, M., Capt, S. (2008). *Säugetiere der Schweiz – Bestimmungsschlüssel*. Fauna-Helvetica, CSCF & SGW, Neuchâtel.

Mermod, C.-Ph., Marchesi, P. (1988). *Les petits carnivores. Atlas visuels Payot*. Payot, Lausanne.

Müri, H. (2005). *Hermelin und Mauswiesel im Licht der Populationsstruktur*. Wildbiologie Heft 3/2005. Wildtier Schweiz, Zürich. (Bezug bei www.wildtier.ch)

Müri, H. (2006). *Wiesel: trotz Spezialisierung anpassungsfähig?* Wildbiologie Heft 3/2006. Wildtier Schweiz, Zürich. (Bezug bei www.wildtier.ch)

Schmitt, B. (2006). *Das Mauswiesel in der Kulturlandschaft Südwestdeutschlands. Abundanz, Reviersysteme und Habitatnutzung*. Ökologie der Säugetiere 4. Laurenti, Bielefeld.

Stubbe, M., Krapp, F. (Hrsg.) (1993). *Raubsäuger – Carnivora (Fissipedia)*. In: Niethammer, J., Krapp, F. (Hrsg.). Handbuch der Säugetiere Europas, Bd. 5, Teil I+II. Aula, Wiesbaden.

Bildnachweis

Umschlagabbildungen

Oben: Hermelin im Sommerfell auf Schnee, Foto: Jean Malevez
Mitte: Alpiner Lebensraum, Foto: Paul Marchesi
Unten links: Baummarder, Foto: Horst Helwig
Unten rechts: Walditis, Foto: Paul Marchesi

Kapitelaufschlagseiten

Kap. 1, S. 11, Mauswiesel, Höhlenzeichnung in Niaux, Pyrenäen. Foto © Sesta Ariège Pyrénées
Kap. 2, S. 25, Hermelin macht Männchen. Foto: Eric Dragesco
Kap. 3, S. 41, Voralpiner Lebensraum von fünf Mustelidenarten. Foto: Paul Marchesi
Kap. 4, S. 63, Baummarder springt aus Baumhöhle. Foto: Claude Morerod
Kap. 5, S. 77, Hermelin beim Sprung. Foto: Jean Malevez
Kap. 6, S. 85, Junger Steinmarder. Foto: Horst Helwig
Kap. 7, S. 95, Hermelin mit Beute. Foto: Claude Morerod
Kap. 8, S. 117, Iltisspuren im Schnee. Foto: Paul Marchesi
Kap. 9, S. 137, Storch mit erbeutetem Mauswiesel. Foto: Jean-Jacques Zwiebel
Kap. 10, S. 145, Steinmarder in Scheune. Foto: Frank Hecker
Kap. 11, S. 159, P. Marchesi mit Spurentunneln. Foto: Nathalie Marchesi
Kap. 12, S. 171, Walditis im Stroh. Foto: Paul Marchesi
Anhang, S. 181, Junger Iltis (mit schwacher Maske). Foto: Peter Barrett/Shutterstock

Sämtliche unten nicht aufgeführten Abbildungen stammen von Paul Marchesi, Bex.

Daniel Aubort	S. 142, 144
The British Library	S. 23
British Museum of Natural History	S. 14
Czartoryski Museum Krakau	S. 22
Sylvain Debrot	S. 27, 101
Eric Dragesco	S. 13, 32, 33, 40, 57o, 66l, 110
Jean-Marc Fivat	S. 104, 129
Andreas Gygax	S. 56, 173
Frank Hecker	S. 150
Horst Helwig	S. 29l
Alfred Hennet	S. 94
Ronnie Howard/Shutterstock	S. 74
Eugène Hüttenmoser	S. 69
Christian König	S. 34

Herbert Kratky/Shutterstock	S. 100
Karl Kugelschafter	S. 115 om
Felix Labhardt	S. 91 u
Beate Ludwig	S. 21, 31, 88 r, 91o, 151, 169
Tiziano Maddalena	S. 35
Jean Malevez	S. 61, 180
Nathalie Marchesi	S. 166 r
Claude Mermod	S. 28 r, 89, 93, 107 u, 141 u, 149, 157 l
Claude Morerod	S. 29 r
Helen Müri	S. 174
Alain Paratte	S. 48, 67, 68, 87, 130 o, 147, 152
Louis-Marie Préau	S. 178
Sabine Primage	S. 143
Klaus Robin	S. 81, 113 ur
Peter Romanov	S. 30 l
René Rosoux	S. 30 r, 92 l, 99 r
Klaus Rudloff	S. 17 o, 17 ul, 20 u
Irene Salzmann-Wandeler	S. 57 u, 115 m, 115 ul, 158, 164 l, 164 r, 165, 175, 177
Bettina Schmitt	S. 60 o, 73 o
Schweizerische Mobiliar	S. 88 l, 156
Sektion Jagd und Fischerei Aargau	S. 46, 127
Carine Vogel	S. 167
Darius Weber	S. 70 l, 91 u
Timo Weber	S. 83
Martin Zwahlen	S. 92 r

Die Bilder der Arten wurden zum Teil in freier Wildbahn, zum Teil in Gehegen aufgenommen, einige der fotografierten Tiere wurden von Hand aufgezogen.

Die Mehrzahl der Schädelskizzen und sämtliche Skizzen von Fußabdrücken wurden vom CSCF Neuchâtel © zur Verfügung gestellt.

Die Verbreitungskarten auf den Seiten 36/37 stammen aus: *Atlas der Säugetiere Europas*, Natur und Tier Verlag, Münster.

Dank

Für Beratung, Hinweise und Auskünfte, Hilfe bei der Beschaffung von Informationen und Material sowie bei der Bearbeitung des Manuskripts danken wir folgenden Personen: Hans Peter Ammann (Strengelbach CH), Walter Arnold (Wien A), Marie-des-Neiges de Bellefroid (Orléans F), Thomas Briner (Bern CH), Christina Boschi (Zürich CH), Urs Breitenmoser (Bern CH), Caroline Frey (Bern CH), Lise Gern (Neuchâtel CH), Jean-Paul Haenni und Christophe Dufour (Neuchâtel CH), Hannes Jenny (Chur CH), Beate Ludwig (Melsungen D), Helen Müri (Boniswil CH), René Rosoux (Orléans F), Irene Salzmann-Wandeler (Vordemwald CH), Bettina Schmitt (Trier D), Friederike Spitzenberger (Wien A), Alexander Wandeler (Ottawa CA), Darius Weber (Rodersdorf CH).

Ein besonderer Dank gilt Hans-Heinrich Krüger (Otterzentrum Hankensbüttel, Deutschland) für die fachliche Durchsicht des Manuskripts, den Lieferantinnen und Lieferanten von Drittbeiträgen (verschiedene Themenkästen), den Fotografinnen und Fotografen für die Bereitschaft, Bilder zu liefern, sowie Regine Balmer und Gabriela Bortot vom Haupt Verlag für die offene und fördernde Zusammenarbeit bei der Entstehung des Buches und Laura Dal Ben und Christoph Settele von Pool Design für die sorgfältige Gestaltung.

Stichwortverzeichnis

Autoren

Paul Marchesi hat in Neuenburg Biologie studiert und über Hermelin (Diplomarbeit), Baummarder (Dissertation) und mit Schimpansen an der Côte d'Ivoire (Postdoc) geforscht. Als Mitarbeiter eines Ökobüros («Drosera», Partner der wildtierbiologischen Arbeitsgemeinschaft «Faune concept») ist er heute im gesamten Bereich der Ökologie und des Naturschutzes tätig, mit einem Schwerpunkt bei Musteliden.

Claude Mermod, emeritierter Professor der Zoologie, hat als Leiter des «Laboratoire d'Eco-éthologie» (Ökologie und Verhaltensforschung) an der Universität Neuchâtel dazu beigetragen, dieser zum Ruf eines weit über die Grenzen hinaus bekannten Zentrums der Kleinkarnivoren-Forschung zu verhelfen.

Hans C. Salzmann, Biologe, war nach der Dissertation in Wildtierbiologie während dreißig Jahren in leitenden Funktionen in der WWF-Umweltbildung sowie bei der Stiftung Umweltbildung Schweiz SUB tätig. Seit 2006 freier Berater und Projektleiter in Biologie, Naturschutz und Umweltbildung, unter anderem als Mitleiter des Programms WIN Wieselnetz.